"十三五"普通高等教育规划教材

化学工程核心课程实验与设计

谢亚杰 主编 刘 丹 胡万鹏 副主编

化学工业出版社
·北京·

《化学工程核心课程实验与设计》包括了七个模块，分别为化工原理实验与设计、化工热力学实验、化学反应工程实验、化工仪表及自动化实验、工程图学实训、化工设备机械基础课程设计、化工过程初步设计。每个模块均含有概述和实验（或实训或设计/与设计）两部分。其中，化工原理按照"化工原理实验与设计"模块以组合项目形式分成三部分，分别为基础实验、强化实验与课程设计。其他科目均属单一环节。本书的亮点是集七门化学工程核心课程实验、（课程）设计、实训内容于一体，以模块形式编序。各模块项目由易到难，多为相关课程具有代表性的实验或设计或实训项目。既简化了教师对实验、设计或实训教材的选择，又为学生使用提供了方便。同时，对化学工程与工艺专业以外的其他化工类专业而言，不具有统一平台的课程可以根据需要选择模块数及项目数；对于具有统一平台的化学工程核心课程（有相同的课程名称及代码、课程性质、学时数和相同教学大纲）来说，本书也为实施教师挂牌授课、学生选课等提供了前提条件。

《化学工程核心课程实验与设计》可作为化学工程与工艺、应用化学、生物工程、环境工程和制药工程等本科专业的化学工程基础课程实验、实训或课程设计的教材或教学参考书。也可作为从事轻化工程、染整工程等化工相关专业的技术人员和科研人员的参考用书。

图书在版编目（CIP）数据

化学工程核心课程实验与设计/谢亚杰主编. —北京：化学工业出版社，2017.4（2024.8重印）
"十三五"普通高等教育规划教材
ISBN 978-7-122-29123-3

Ⅰ.①化… Ⅱ.①谢… Ⅲ.①化学工程-化学实验-高等学校-教材 Ⅳ.①TQ016

中国版本图书馆 CIP 数据核字（2017）第 034583 号

责任编辑：陆雄鹰　杨　菁　闫　敏　　文字编辑：林　丹
责任校对：王素芹　　装帧设计：张　辉

出版发行：化学工业出版社（北京市东城区青年湖南街 13 号　邮政编码 100011）
印　　装：北京天宇星印刷厂
787mm×1092mm　1/16　印张 9¾　字数 238 千字　2024 年 8 月北京第 1 版第 3 次印刷

购书咨询：010-64518888（传真：010-64519686）　售后服务：010-64518899
网　　址：http://www.cip.com.cn
凡购买本书，如有缺损质量问题，本社销售中心负责调换。

定　　价：29.00 元

前 言

现代化工在近年来发展非常迅速，给人类的生活带来了极大的便利，对人类生活方式产生了深远影响。与此同时，它也对适应现代大化工发展所需要的工程技术人才提出了更高的要求。目前，许多高校在试行按大类招生，同时逐步实施在人才培养模式上的结构转变以适应这种新的需求。但是，由于历史原因造成相同课程有不同的课程性质、不同学时、甚至不同名称等问题，致使大类招生后无法统一教材，学生选课难，无法实施教师挂牌授课，部分课程缺少实践训练环节，影响人才培养质量的提升。

本书作为化学工程基础实践教材，在一定程度上弥补了上述缺陷。本书在原有实验讲义基础上，充实了七门核心课程即化工原理、化工热力学、化学反应工程、化工仪表及自动化、化工设计、工程图学、化工设备机械基础的实践环节和内容，特别是增设了多种类型的化工设计训练项目，为全面地指导与实施化学工程实验、实训与（课程）设计训练，提高学生工程实践能力提供了有力支撑。本书集七门核心课程实验、实训或（和）设计内容于一体，简化了教师对教材的选择，便于学生对化学工程基础实验、实训或课程设计教材的选择与使用。同时，在统一了课程平台（有相同课程名称、课程性质、学时数和教学大纲）前提下，为按大类招生后实施教师挂牌授课、学生选课等提供了可行条件。

本书内容根据化学工程知识结构的多学科性、学科体系的相对独立性、学科内容的复杂性、设备成本的高投入性与实验技术的可操作性等，结合编者的实际经验进行编写。

本书可作为化学工程与工艺、应用化学、生物工程、环境工程和制药工程等本科专业的化学工程基础课程实验、实训或课程设计的教材或教学参考书。也可作为从事轻化工程、染整工程等化工相关专业的技术人员和科研人员的参考用书。

为贯彻因材施教原则，使用本书时可根据专业特点、课程性质及实验学时数等具体情况从中选做部分项目。特别是“化工过程初步设计”模块，每个设计项目完成时间根据设计规模与参与人数的不同分别需要 1～3 周不等。使用时可根据实验条件及具体情况选做。

本书由谢亚杰担任主编，由刘丹、胡万鹏担任副主编。全书共分 7 个模块。具体编写成员及编写内容如下：模块 1 由陈树大（概述）、李以名（基础实验 1、2、6，强化实验 1、2，课程设计 1）、刘丹（基础实验 3，强化实验 3、6，课程设计 2）、李雷（基础实验 4，强化实验 4、5，课程设计 3）、王娟（基础实验 5，课程设计 4）、周大鹏（课程设计 5）等编写；模块 2 由谢亚杰编写；模块 3 由孙萍编写；模块 4 由沈红霞编写；模块 5 由屠晓华编写；模块 6 由江华生编写；模块 7 由胡万鹏编写。刘丹负责对全书的重复率检查及模块 1 部分的审稿、修改；谢亚杰负责模块 2、3、4 的审稿；胡万鹏负责模块 5、6、7 的审稿、修改。全书由谢亚杰统稿。

限于编者水平以及时间仓促，疏漏与不妥之处尚祈读者批评指正。

编 者

目 录

模块1　化工原理实验与设计

1.1　概　　述

化工原理课程是一门工程类技术基础课，其内容包括理论基础、工程基础和工程应用。课程的教学目的是，在化工生产过程的组织、基本理论及过程分析、设备原理及构造、工程设计方法以及单元过程操作运行情况诸方面对学生进行全面的综合训练，以达到培养学生相应的分析工程实际问题和解决工程实际问题的能力。化工原理课程设置由基础理论、课内实验、课程设计三部分内容构成，课内实验、课程设计是化工原理的实践环节内容。为了适应新常态、新形势、新局面下用人单位对化工及相关专业人才的需求，增强学生动手能力，提高分析和解决工程实际问题的能力，对化工原理实验与设计作相应调整和改革。

1.1.1　化工原理实验

化工原理实验课程是化工及其相关专业教学中一门实践性很强的技术基础课。在系统学习基本理论知识的同时，通过化工原理课程实验，逐步培养学生掌握一定的基本实验技能，熟悉化工生产实际中一些基本过程和设备的操作及控制方法等，从而提高学生分析和解决工程实际问题的能力。

为了方便不同专业学生按专业要求进行选择，结合理论课程的调整改革，本实验课程分为“基础实验”和“强化实验”两部分。“基础实验”包括：①液体流动阻力的测定：测定流体通过直管的摩擦阻力，测定阀门以及弯头等的局部阻力；②传热膜系数测定实验：学习并掌握传热系数和对流传热系数的测定方法；③吸收操作及氧解吸实验：测定填料塔的流体力学性能；测定在一定条件下的气体体积传质系数；④精馏塔的操作及效率测定：精馏塔全塔效率及单板效率的测定；⑤雷诺演示实验：观察并验证雷诺数与流体流动类型的关系；⑥液体机械能转换实验：测定流体各种能量的相互转换，验证伯努利方程。“强化实验”包括：①离心泵特性曲线的测定：掌握离心泵在一定转速下特性曲线的测定方法；②板框过滤机过滤常数测定：掌握过滤方程式中的常数 K、q_e 及 θ_e 等的测定；③流化床干燥实验：测定在恒定干燥条件下物料的流化干燥速度曲线；④萃取实验：测定不同流量、转速等操作条件下的萃取效率；⑤温度、流量、压力校正实验：标定或校验温度、流量、压力；⑥计算机数据采集与控制系统的使用。

本模块所涉及的化工原理实验项目与实验装置见表1-1所示。

表 1-1 化工原理实验项目与实验装置

序 号	实验项目	实验设备	套(台)数
1	液体流动阻力的测定	流体阻力-离心泵联合装置	4
2	传热膜系数测定实验	套管传热实验装置	4
3	吸收操作及氧解吸实验	氧解吸实验装置	4
4	精馏塔的操作及效率测定	精馏实验装置	4
5	雷诺演示实验	雷诺实验演示装置	2
6	液体机械能转换实验	相关实验装置及配件	2
7	离心泵特性曲线的测定	流体阻力-离心泵联合装置	4
8	板框过滤机过滤常数测定	板框过滤装置	2
9	流化床干燥实验	流化床干燥实验装置	2
10	萃取实验	萃取实验装置	2
11	温度、流量、压力校正实验	相关实验装置及配件	2
12	计算机数据采集与控制系统的使用	实验教学仿真软件	1

1.1.2 化工原理课程设计

化工原理课程设计是学生在具备了物理化学、化工原理、化工机械基础、计算技术（包括计算机应用基础、算法语言及其应用）等基础知识后，综合地应用这些知识完成以单元操作为主的一次设计实践教学环节。

通过课程设计，运用技术经济综合评价观点，树立正确的设计思想。了解化工设计的基本程序和方法，学会查阅资料、运用计算机优化设计和完成复杂运算，培养以简洁文字和图表表达设计结果的能力。

为了方便不同专业学生按专业要求进行选择，结合理论课程的调整改革，化工原理课程设计主要内容包括：①筛板式精馏塔的设计；②填料吸收塔的设计；③列管式换热器的设计；④干燥器的设计；⑤化工管路设计与计算。

设计内容主要包括：①接受设计任务；②工艺设计；③主体设备设计；④附属设备设计及选用；⑤设计说明书的编写等。

1.2 实验与设计部分

组合项目 1 基础实验

实验 1 液体流动阻力的测定

【实验目的】

掌握流体流动阻力的实验测定方法；学习液压计及流量计的使用方法；识别管路中的各个管件、阀门并了解其作用；掌握流体流经直管时的摩擦系数与雷诺数之间关系的测定方法；掌握突然扩大管局部阻力系数的测定方法。

【基本原理】

（1）摩擦系数的测定方法 直管的摩擦系数是雷诺数和管的相对粗糙度（ε/d）的函数，即 $\lambda=\Phi(Re,\varepsilon/d)$，因此，在相对粗糙度一定的情况下，$\lambda$ 与 Re 存在一定的关系。根据流体力学的基本理论，摩擦系数与阻力损失之间存在如下关系：

$$h_f=\frac{\Delta p}{\rho}=\lambda\,\frac{l}{d}\,\frac{u^2}{2} \tag{1-1}$$

式中　h_f——阻力损失，J/N；

Δp——压强差，Pa；

ρ——流体密度，kg/m³；

l——管段长度，m；

d——管径，m；

u——流速，m/s；

λ——摩擦系数。

流体在水平均匀直管中作稳态流动时，由截面 1 流动到截面 2 时的阻力损失体现在压强的降低，两截面之间管段的压强差（P_1-P_2）可采用 U 形压差计测量，故可以计算出 h_f。用涡轮流量计测定流体通过已知管段的流量，在已知管径的情况下，流速 λ 可以通过体积流量来计算，Re 可由流体的密度 ρ、黏度 μ 等计算。因此，对于每一组测得的数据可以分别计算出对应的 λ 和 Re。

（2）局部阻力系数的测定　根据局部阻力系数的定义：

$$h_f=\zeta\,\frac{u^2}{2} \tag{1-2}$$

式中　ζ——局部阻力系数。

实验时，测定流体经过管件时的阻力损失 h_f 及流体通过管路的流速 u，其中阻力损失 h_f 可采用机械能衡算方程由压差计读数求出，再由上式计算局部阻力系数。在测定阻力损失时，测压孔不宜选在管件附近，这是由于很难准确测定紧靠管件处的压强差。测压孔一般开设在距管件一定距离的管子上，测得的阻力损失包括管件和直管两个部分，因此，在计算管件阻力损失时应扣除直管部分的阻力损失。

【装置和流程】

见图 1-1。

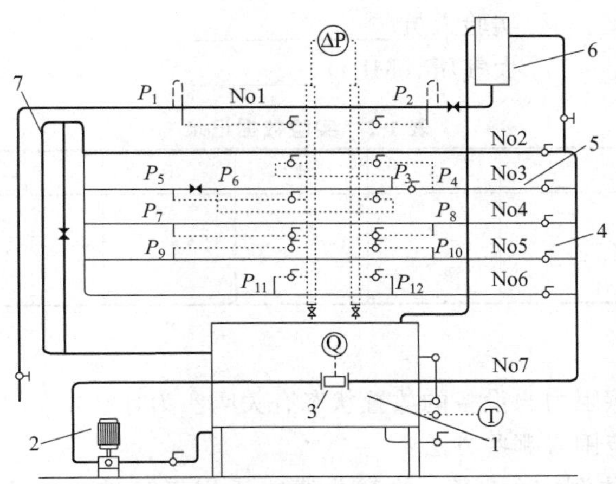

图 1-1　流体阻力实验装置流程图

1—水箱；2—离心泵；3—孔板流量计；4—管路切换阀；5—测量管路；6—稳流罐；7—流量调节阀；P_1～P_{12}—各管路的测压点；No1～No7—层流管、截止阀、球阀、光滑管、镀锌钢管、突扩管、主管等测定管路和管件

【操作要点】

① 启动离心泵，打开被测管线上的开关阀及面板上与其相应的切换阀，关闭其他的开关阀和切换阀，保证测压点一一对应。

② 排净系统中的气体以便使液体能够连续流动。需排净设备以及测压管线中的气体，观察U形压差计中两液面是否水平，如两液面水平表明系统中的气体已经排净。

③ 测定光滑管和粗糙管的摩擦阻力。先将流量从小慢慢调到大，并观察U形压差计中两液面差，当液面差达到最大，待数据稳定后记录第1组数据，即此时的液体流量和压差。然后，将流量从大调到小，每相差0.3m^3/h左右测1组数据。充分利用面板量程测取10组数据，然后调节流量由小到大再测取几组数据，以检查数据的重复性（不记录数据）。测定突然扩大管、球阀和截止阀的局部阻力时，各测取3组数据，测量方法和步骤与测量光滑管和粗糙管时相同。注意：在记录整个实验的第1组数据时需记录一次液体温度，记录最后1组数据时再记录一次液体温度。

④ 测完一根管的数据后，应将流量调节阀关闭，观察压差计的两液面是否水平，水平时才能更换另一条管路，否则全部数据无效。应了解各种阀门的特点，掌握阀门的使用方法，注意阀门的切换，同时注意关严阀门，以防止内漏。

【报告要求】

① 说明本实验的目的、原理、装置及步骤。

② 记录实验数据。

③ 在双对数坐标纸上绘出湍流时λ-Re关系曲线。

④ 将光滑管的λ-Re关系与Blasius公式进行比较。

⑤ 计算局部阻力系数ζ。

⑥ 实验结果讨论。

⑦ 思考题。

【原始数据记录表】

见表1-2。

日期__________　　实验人员__________

室温（℃）________　　大气压（MPa）________

表1-2　实验数据记录

序　号	1	2	3	4	5	6	7	8
水温 流量 压降								

【讨论题】

① 测定的直管摩擦阻力与设备的放置状态有关吗？为什么？

② 增加雷诺数的范围有哪些方法？

③ 以水为工作流体测定的λ-Re关系曲线能否用于计算空气在管内的流体阻力？为什么？

④ U形压差计上装设的平衡阀有何作用？在什么情况下它是开着的，在什么情况下它是关闭着的？

实验2 传热膜系数测定实验

【实验目的】

掌握传热膜系数 α 及传热系数 K 的测定方法；掌握圆形直管中作强制湍流传热时，对流传热系数准数关联式的推导方法；通过实验，加深对传热理论的理解，提高研究和解决传热实际问题的能力。

【基本原理】

对流传热的核心问题是求算传热膜系数，当流体无相变化时，对流传热特征关系式的形式为：

$$Nu=ARe^{m}Pr^{n}Gr^{p}$$

对于强制湍流而言，Gr 数可以忽略，即

$$Nu=ARe^{m}Pr^{n}$$

其中：

$$Nu=\frac{\alpha d}{\lambda} \qquad Pr=\frac{c_p\mu}{\lambda} \qquad Re=\frac{du\rho}{\mu}$$

本实验中可采用图解法或最小二乘法计算上述准数关系式中的指数 m，n 和系数 A。

用图解法对多变量方程进行关联时，要对不同变量 Re 和 Pr 分别回归。本实验中流体被加热，可取 $n=0.4$（被冷却时，$n=0.3$）。此时，对上式方程两边取对数，得到直线方程为：

$$\lg\frac{Nu}{Pr^{0.4}}=\lg A+m\lg Re$$

$$（即\ y=mx+b，y=\lg\frac{Nu}{Pr^{0.4}}，x=\lg Re，b=\lg A）$$

在双对数坐标中作图，求出直线斜率，即为方程的指数 m。在直线上任取一点函数值代入方程中，则可得到系数 A，但图解法具有人为因素的干扰，误差相对较大。而采用最小二乘法回归，可以得到最佳关联结果。采用计算机辅助手段，对多变量方程进行一次回归，就能同时得到 A、m、n。

实验中改变空气的流量，以改变 Re 值。根据定性温度（空气进，出口温度的算术平均值）计算对应的 Pr 值。同时，由牛顿冷却定律，求出不同流速下的传热膜系数值，进而求得 Nu 值。

牛顿冷却定律：

$$Q=\alpha A\Delta t_m$$

式中 α——传热膜系数，W/(m^2·℃)；

Q——传热量，W；

A——总传热面积，m^2；

Δt_m——管壁温度与管内流体温度的对数平均温差，℃。

传热量由下式求得：

$$Q=Wc_p(t_2-t_1)/3600=\rho V_s c_p(t_2-t_1)/3600$$

式中 W——质量流量，kg/h；

c_p——流体的比定压热容，J/(kg·℃)

t_1，t_2——流体进、出口温度，℃；

ρ——定性温度下流体密度，kg/m^3；

V_s——流体体积流量，m^3/h。

空气的流体流量由孔板流量计测量得到，其流量 V_s 与孔板流量计压降 Δp 的关系为：

$$V_s=26.2\Delta p^{0.54}$$

式中 Δp——孔板流量计压降，kPa；

V_s——空气流量，m^3/h。

【实验装置】

(1) 设备说明 本实验中，空气走内管，蒸汽走环隙（玻璃管）。内管材质为黄铜管，其内径为 0.020m，有效长度为 1.25m。空气进、出口温度和管壁温度分别采用铂电阻（Pt100）和热电偶测定。测定空气进、出口温度的铂电阻应置于进、出管的管中心。测量管壁温度时，采用一支铂电阻和一支热电偶分别固定在管外壁两端。孔板流量计的压差由压差传感器测得。

实验中使用的蒸汽发生器由不锈钢材料制成，装有玻璃液位计，加热功率为 1.5kW，并具有超温安全控制系统。风机采用 XGB 型旋涡气泵，最大压力为 17.50kPa，最大流量为 $100m^3/h$。

(2) 采集系统说明

① 压力传感器 本实验装置采用 ASCOM5320 型压力传感器，其测量范围为 0～20kPa。

② 显示仪表 实验中所有温度和压差等参数均可由人工智能仪表直接读取，并实现数据的在线采集与控制。测量点分别为：孔板压降、进口温度、出口温度和两个壁温。

(3) 流程说明 图 1-2 为本实验装置流程图。风机输送冷空气，经过孔板流量计计量后，进入换热器内管（铜管），并与套管环隙中的水蒸气换热。空气被加热后，排入大气。可通过空气流量调节阀调节空气的流量。蒸汽由蒸汽发生器上升进入套管环隙，与内管中冷空气换热后冷凝，再由回流管回到蒸汽发生器。采用放气阀门用于排放不冷凝性气体。在铜

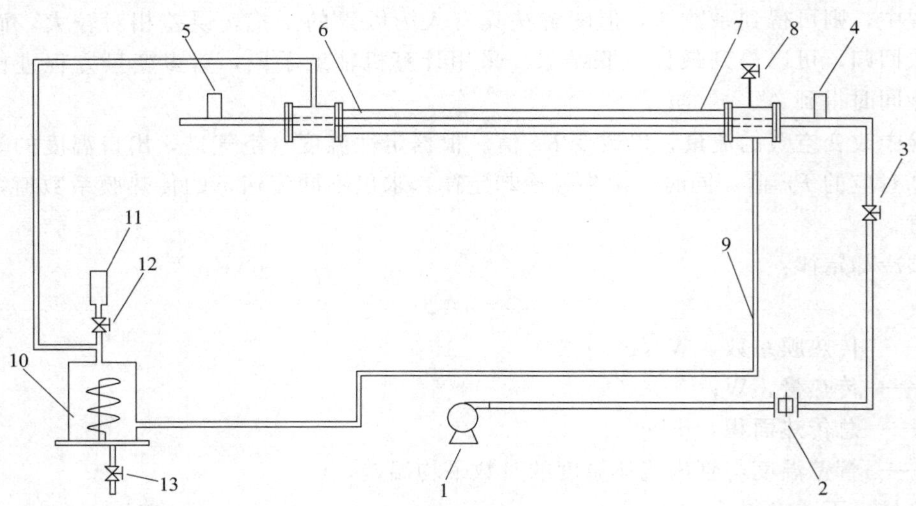

图 1-2 套管传热膜系数测定实验流程图

1—风机；2—孔板流量计；3—空气流量调节阀；4—空气进口测温点；5—空气出口测温点；6—水蒸气进口壁温；7—水蒸气出口壁温；8—不凝气体放空阀；9—冷凝水回流管；10—蒸汽发生器；11—补水漏斗；12—补水阀；13—排水阀

管之前设有一定长度的稳定段，用于消除端效应。铜管两端用塑料管与管路相连，用于消除热效应。

【实验操作】

① 实验开始前，首先熟悉配电箱上各按钮与设备的对应关系，以便正确开启按钮。

② 检查蒸汽发生器中的水位，使其保持在水灌高度的1/2～2/3。

③ 打开总电源开关（红色按钮熄灭，绿色按钮亮，以下相同）。

④ 实验开始时，关闭蒸汽发生器补水阀，启动风机，并接通蒸汽发生器的加热电源，打开放气阀。

⑤ 将空气流量控制在某一定值，待仪表数值稳定后，记录数据，改变空气流量（8～10次），重复实验，记录数据。

⑥ 实验结束后，先停蒸汽发生器电源，再停风机，清理现场。

注意：

① 实验前，务必使发生器液位高度合适。因为液位过高，则水会溢出蒸汽套管；过低，则可能烧毁加热器。

② 调节空气流量调节阀时，为保证空气处于湍流流动状态，孔板压差计读数不应从0开始，最低不小于0.1kPa。实验中要合理取点，以保证数据点均匀。

③ 调节空气流量调节阀后，应待读数稳定后再读取数据。

【报告要求】

① 说明本实验的目的、原理、装置及步骤。

② 记录实验数据。

③ 在双对数坐标系中绘出 $Nu/Pr^{0.4}$-Re 的关联曲线。

④ 整理出流体在圆形管道内做强制湍流时传热膜系数的半经验关联式。

⑤ 将通过实验测量得到的半经验关联式与公认的关联式进行对比，并分析原因。

⑥ 实验结果讨论。

⑦ 思考题。

【原始数据记录表】

见表1-3。

日期________　　实验人员________

室温（℃）________　　大气压（MPa）________

表 1-3　实验数据记录

序　号	1	2	3	4	5	6	7	8
空气入口温度								
空气出口温度								
空气入口壁温								
空气出口壁温								
孔板压降								

【讨论题】

① 本实验中管壁温度应接近蒸汽温度还是空气温度？为什么？

② 管内空气流速对传热膜系数有何影响？当空气流速增大时，空气离开热交换器时的

温度将升高还是降低？为什么？

③ 如果采用不同压强的蒸汽进行实验，对 α 的关联有无影响？

④ 试估算空气一侧的热阻占总热阻的百分比。

⑤ 本实验可采取哪些强化传热措施？

实验 3　吸收操作及氧解吸实验

【实验目的】

① 了解填料塔的基本结构、吸收装置的基本流程及操作方法。

② 观察填料塔流体力学状况，测定压降与气速的关系曲线，掌握液泛规律。

③ 掌握液相体积总传质系数 $K_x a$ 的测定方法并分析影响因素。

④ 学习气液连续接触式填料塔，利用传质速率方程处理传质问题的方法。

【实验原理】

本装置先利用吸收柱使水吸收纯氧形成富氧水（并流操作），然后送入解吸塔顶，再利用空气进行解吸。实验中需要测定不同液量和气量下的解吸总传质系数 $K_x a$，从而得出液量和气量对总传质系数的影响规律，同时对 4 种不同填料的传质效果及流体力学性能进行比较分析。

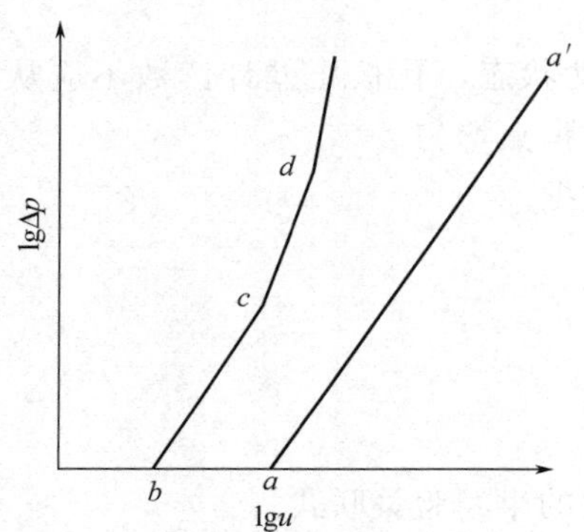

图 1-3　填料层压降与空塔气速关系示意图

（1）填料塔流体力学特性　气体通过干填料层时，流体流动引起的压降和湍流流动引起的压降规律一致。图 1-3 为填料层压降与空塔气速关系示意图。在双对数坐标系中，将压降对气速作图可得一斜率为 1.8～2 的直线（图中 aa'）。当有喷淋量时，在低气速下（c 点以前）压降正比于气速的 1.8～2 次幂，但大于相同气速下干填料的压降（图中 bc 段）。随着气速的增大，出现载点（图中 c 点），持液量开始增大，压降-空塔气速线向上弯曲，斜率变大（图中 cd 段）。到达液泛点（图中 d 点）后，在气速几乎不变的情况下，压降急剧上升。

（2）传质实验　填料塔与板式塔气液两相接触情况不同。在填料塔中，两相传质主要在填料有效湿表面上进行，需要计算完成一定吸收任务所需的填料高度，其计算方法分为传质单元数法和等板高度法。

本实验是对富氧水进行解吸，如图 1-4 所示。由于富氧水浓度很低，可以认为气液两相平衡关系服从亨利定律，即平衡线为直线，操作线也为直线，因此可以用对数平均浓度差计算填料层传质平均推动力。整理得到相应的传质速率方程为：

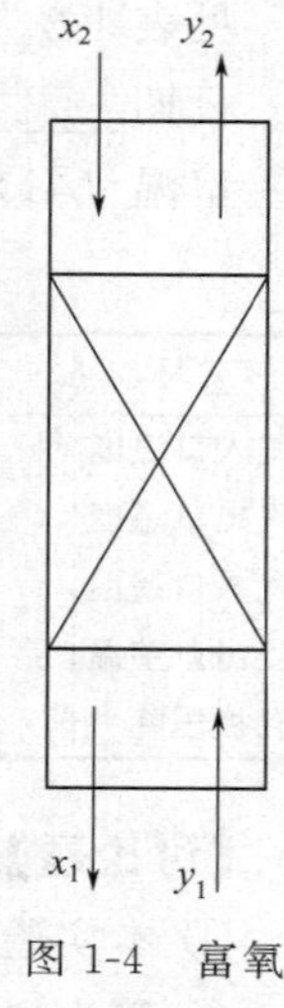

图 1-4　富氧水解吸实验

$$G_A = K_x a V_P \Delta x_m$$

即

$$K_x a = G_A / V_P \Delta x_m$$

式中，$\Delta x_m = \dfrac{(x_2 - x_{e2}) - (x_1 - x_{e1})}{\ln\left[\dfrac{(x_2 - x_{e2})}{(x_1 - x_{e1})}\right]}$，$G_A = L(x_2 - x_1)$，$V_P = Z\Omega$。

相关填料层高度的基本计算式为：

$$Z=\frac{L}{K_x a\Omega}\int_{x_2}^{x_1}\frac{\mathrm{d}x}{x_e-x}=H_{OL}N_{OL}\quad 即\ H_{OL}=Z/N_{OL}$$

其中　$N_{OL}=\int_{x_2}^{x_1}\frac{\mathrm{d}x}{x_e-x}=\frac{x_1-x_2}{\Delta x_m}$，$H_{OL}=\frac{L}{K_x a\Omega}$

式中　G_A——单位时间内氧的解吸量，kmol/(m^2·h)；

$K_x a$——液相体积总传质系数，kmol/(m^3·h)；

V_P——填料层体积，m^3；

Δx_m——液相对数平均浓度差；

x_e——与塔内气相 y 平衡的摩尔分数（塔顶与塔底间任意处）；

x_2——液相进塔时的摩尔分数（塔顶）；

x_{e2}——与出塔气相 y_1 平衡的摩尔分数（塔顶）；

x_1——液相出塔的摩尔分数（塔底）；

x_{e1}——与进塔气相 y_2 平衡的摩尔分数（塔底）；

Z——填料层高度，m；

Ω——塔截面积，m^2；

L——解吸液流量，kmol/(m^2·h)；

H_{OL}——以液相为推动力的总传质单元高度，m；

N_{OL}——以液相为推动力的总传质单元数。

由于氧气为难溶气体，在水中的溶解度很小，因此传质阻力几乎全部集中于液膜中，即 $K_x=k_x$。由于属液膜控制过程，所以要提高总传质系数 $K_x a$，应增大液相的湍动程度即增大喷淋量。

在 y-x 图中，解吸过程的操作线在平衡线下方，本实验中是一条平行于横坐标的水平线（因氧在水中浓度很小）。

在本实验的计算过程中，气液相浓度的单位采用摩尔分数表示，而不采用摩尔比，这是由于在 y-x 图中，平衡线为直线，操作线也是直线，计算相对比较简单。

【实验装置及流程】

(1) 实验装置　如图 1-5 所示。

(2) 工艺流程简述　由氧气钢瓶供给的氧气经减压阀 2 进入氧气缓冲罐 4，稳压在 0.04～0.05 MPa 范围内，为确保安全，缓冲罐上装有安全阀 6，通过阀 7 调节氧气流量，并经转子流量计 8 计量，再进入吸收塔 9 中，与水并流吸收。含富氧水经管道在解吸塔的顶部喷淋。由风机 13 供给的空气经缓冲罐 14，利用阀 16 调节流量，经转子流量计 17 计量，再通入解吸塔底部解吸富氧水，解吸后的尾气从塔顶排出，贫氧水从塔底经平衡罐 19 排出。自来水经调节阀 10，由转子流量计 17 计量后进入吸收柱。因气体流量与气体状态有关，故每个气体流量计前均装有表压计和温度计。空气流量计前装有计前表压计 23。为了测量填料层压降，解吸塔装有压差计 22。为了采集入口水样，在解吸塔入口设有入口采出阀 12，出口水样由塔底排液平衡罐上的采出阀 20 取样。

采用 9070 型测氧仪测得两水样的液相氧浓度。

(3) 实验装置说明

① 实验仪器：吸收塔及解吸塔设备、9070 型测氧仪

② 吸收解析塔参数：解析塔径 $\phi=0.1$m，吸收塔径 $\phi=0.032$m，填料高度 0.8m（陶瓷拉西环、星形填料和金属波纹丝网填料）和 0.83m（金属 θ 环）。填料数据如表 1-4 所示。

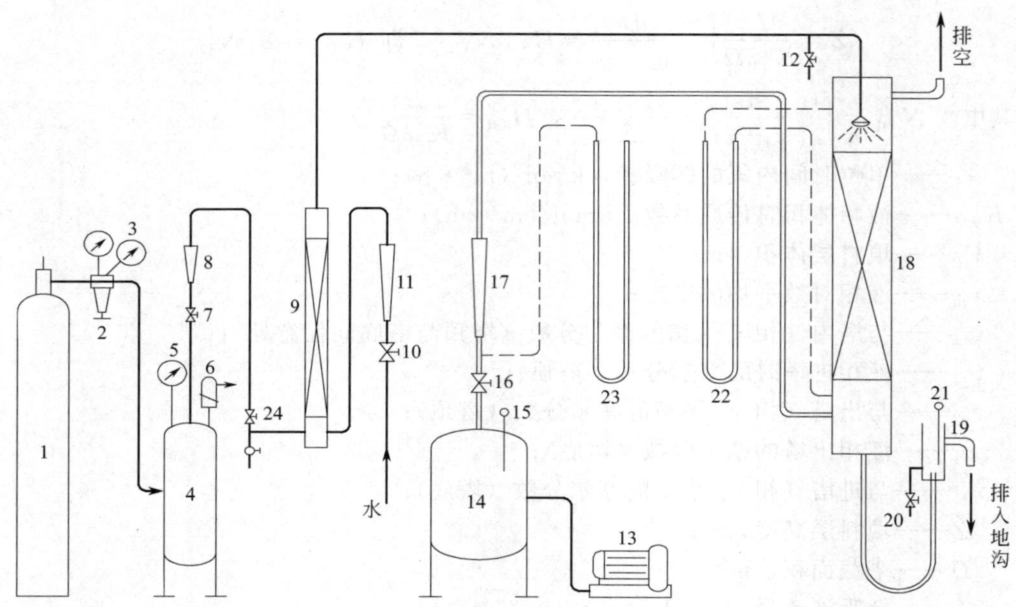

图 1-5　氧气吸收与解吸实验装置和流程图

1—氧气钢瓶；2—减压阀；3,5—压力表；4—氧气缓冲罐；6—安全阀；7—氧气流量调节阀；8—转子流量计；9—吸收塔；10—水流量调节阀；11—水转子流量计；12—富氧水采出阀；13—风机；14—空气缓冲罐；15—温度计；16—空气流量调节阀；17—空气转子流量计；18—解吸塔；19—平衡罐；20—贫氧水采出阀；21—温度计；22—压差计；23—流量计前表压计；24—防水倒灌阀

表 1-4　填料数据

陶瓷拉西环	金属 θ 环	金属波纹丝网填料	星形填料(塑料)
(12×12×1.3)mm $a_t=403m^2/m^3$ $\varepsilon=0.764m^3/m^3$ $a_t/\varepsilon=903m^2/m^3$	(10×10×0.1)mm $a_t=540m^2/m^3$ $\varepsilon=0.97m^3/m^3$	CY 型 $a_t=700m^2/m^3$ $\varepsilon=0.85m^3/m^3$	(15×8.5×0.3)mm $a_t=850m^2/m^3$

注：ε—孔隙率；a_t—比表面积。

【实验操作】

(1) 流体力学性能测定

① 测定干填料压降

a. 首先吹干塔内填料。

b. 改变空气流量，测定填料塔压降，测取 6～8 组数据。

② 测定湿填料压降

a. 测定前进行预液泛，使填料表面充分润湿。

b. 使水固定在某一喷淋量下，改变空气流量，测定填料塔压降，测取 8～10 组数据。

c. 当接近液泛时，进塔气体的增加量不能过大。缓慢增加气体流量，使液泛现象平稳变化。流量调好后，待各参数稳定后，读取数据。注意观察液泛后填料层压降在气速几乎不变的情况下明显上升的这一显著特点。气量不易过大，以免出现冲破和冲泡填料的现象。

③ 注意：空气流量调节阀要缓慢开启和关闭，以免撞破玻璃管。

(2) 传质实验

① 将氧气阀打开，氧气减压后进入缓冲罐，罐内压力保持 0.04～0.05MPa，不要过高，并注意减压阀使用方法。为了防止水倒灌进入氧气转子流量计中，开水前应关闭防倒灌，或先通氧气后通水。

② 传质实验操作条件的选取。水喷淋密度取 $10\sim15m^3/(m^2\cdot h)$，空塔气速 0.5～0.8m/s，氧气入塔流量为 $0.01\sim0.02m^3/h$。应适当调节氧气流量，使吸收后的富氧水浓度控制在不大于 19.9mg/L。

③ 塔顶和塔底液相氧浓度的测定。分别从塔顶与塔底取出富氧水和贫氧水（注意：每次改变流量后第一次所取的样品应倒掉，从第二次所取的样品开始），进行氧含量的测定，而且富氧水与贫氧水应同时取样。

④ 采用测氧仪测定富氧水和贫氧水氧的含量。测量时，对于富氧水，取分析仪数据由增大到减小时的转折点为数据值；对于贫氧水，取分析仪数据由变小到增大时的转折点为数据值。同时应记录相应的水温。

⑤ 实验完毕，首先关闭氧气减压阀，然后关闭氧气流量调节阀，最后关闭其他阀门。检查无误后离开实验室。

【实验报告】

① 说明本实验的目的、原理、装置及步骤。

② 记录实验数据。

③ 计算并确定干填料及一定喷淋量下的湿填料在不同空塔气速 u 下，与其相应的单位填料高度压降 $\Delta p/Z$ 的关系曲线，并在双对数坐标系中作图，找出泛点与载点。

④ 计算实验条件下（一定喷淋量、一定空塔气速）的液相体积总传质系数 K_{xa} 及液相总传质单元高度 H_{OL}。

⑤ 实验结果讨论。

⑥ 思考题。

【原始数据记录表】

日期＿＿＿＿＿＿＿＿　　实验人员＿＿＿＿＿＿＿＿

室温（℃）＿＿＿＿＿　　大气压（MPa）＿＿＿＿＿

（1）流体力学性能测定　见表 1-5、表 1-6。

表 1-5　干填料流体力学实验数据记录

塔高＿＿＿m　　塔径＿＿＿m

序　号	空气温度/℃	空气压力/kPa	空气流量/(m^3/h)	塔压降/kPa	水流量/(L/h)
1					
2					
3					
4					
5					
6					
7					
8					
9					
10					

表 1-6　湿填料流体力学实验数据记录

塔高______m　塔径______m

序　号	空气温度/℃	空气压力/kPa	空气流量/(m^3/h)	塔压降/kPa	水流量/(L/h)
1					
2					
3					
4					
5					
6					
7					
8					
9					
10					

（2）传质实验　见表 1-7。

表 1-7　实验数据记录

塔高______m　塔径______m

序　号	水流量/(L/h)	空气流量/(m^3/h)	塔压降/kPa	空气压力/kPa	富氧水浓度/(mg/L)	贫氧水浓度/(mg/L)	水温度/℃
1							
2							
3							
4							
5							
6							
7							
8							
9							
10							

【讨论题】

① 填料塔结构有什么特点？

② 填料塔气、液两相的流动特点是什么？

③ 阐述干填料压降线和湿料塔压降线的特征。

④ 试计算实验条件下，填料塔实际液气比是最小液气比的多少倍？

⑤ 为什么易溶气体的吸收和解吸属于气膜控制过程，难溶气体的吸收和解吸属于液膜控制过程？

⑥ 工业上，吸收在低温、加压下进行，而解吸在高温、常压下进行，为什么？

实验 4　精馏塔的操作及效率测定

【实验目的】

熟悉精馏的工艺流程；掌握精馏实验的操作方法；了解板式塔的结构，观察塔板上汽-液接触状况；测定全回流时的全塔效率及单板效率。

【基本原理】

在板式精馏塔中，由塔釜产生的蒸汽沿塔逐渐上升，其与来自塔顶逐板下降的回流液在塔板上实现多次接触，通过传热与传质，使混合液达到一定程度的分离。

回流是精馏操作得以实现的基础。塔顶的回流量与采出量之比，称为回流比。回流比是精馏操作的重要参数之一，其大小影响着精馏操作的分离效果和能耗。

回流比存在两种极限情况：最小回流比和全回流。若塔在最小回流比下操作，需要有无穷多块塔板才能完成分离任务，这不符合工业实际，因此最小回流比只是一个操作极限。若操作处于全回流，此时无任何产品产出，也无须加入原料，塔顶冷凝液全部返回塔中，这在工业生产中无实际意义。然而，由于全回流时所需理论板数最少，且易于达到稳定，故常在工业装置的开停车、排除故障及科学研究时采用。

实际回流比一般取最小回流比的 1.2～2.0 倍。在精馏操作中，如果回流系统出现了故障，操作情况会急剧恶化，分离效果也将变坏。

板效率是体现塔板性能及操作状况的主要参数，通常有以下两种定义方法。

（1）总板效率 E

$$E=\frac{N}{N_e}$$

式中　E——总板效率；

N——理论板数（不包括塔釜）；

N_e——实际板数。

（2）单板效率 E_{ml}

$$E_{ml}=\frac{x_{n-1}-x_n}{x_{n-1}-x_n^*}$$

式中　E_{ml}——以液相浓度表示的单板效率；

x_n，x_{n-1}——第 n 块板和第（$n-1$）块板的液相浓度；

x_n^*——与第 n 块板气相浓度相平衡的液相浓度。

总板效率与单板效率一般可采用实验测定。单板效率是评价塔板性能优劣的重要依据。影响单板效率的主要因素包括物系性质、板型及操作负荷。当物系与板型确定后，可通过改变气液负荷达到最高的板效率；对于不同的板型，可以在保持相同的物系及操作条件下，测定其单板效率，以评价其性能的优劣。总板效率可反映全塔各塔板的平均分离效果，常用于板式塔设计中。

【装置和流程】

图 1-6 为本实验的流程图，主要由精馏塔、回流分配装置及测控系统组成。

（1）精馏塔　本实验中的精馏塔为筛板塔。全塔共有 8 块塔板。塔身结构尺寸为：塔径为 ϕ57mm×3.5mm，塔板间距为 80mm；溢流管截面积为 78.5mm^2，溢流堰高为 12mm，底隙高度为 6mm；每块塔板开有 43 个直径为 1.5mm 的小孔，正三角形排列，孔间距为

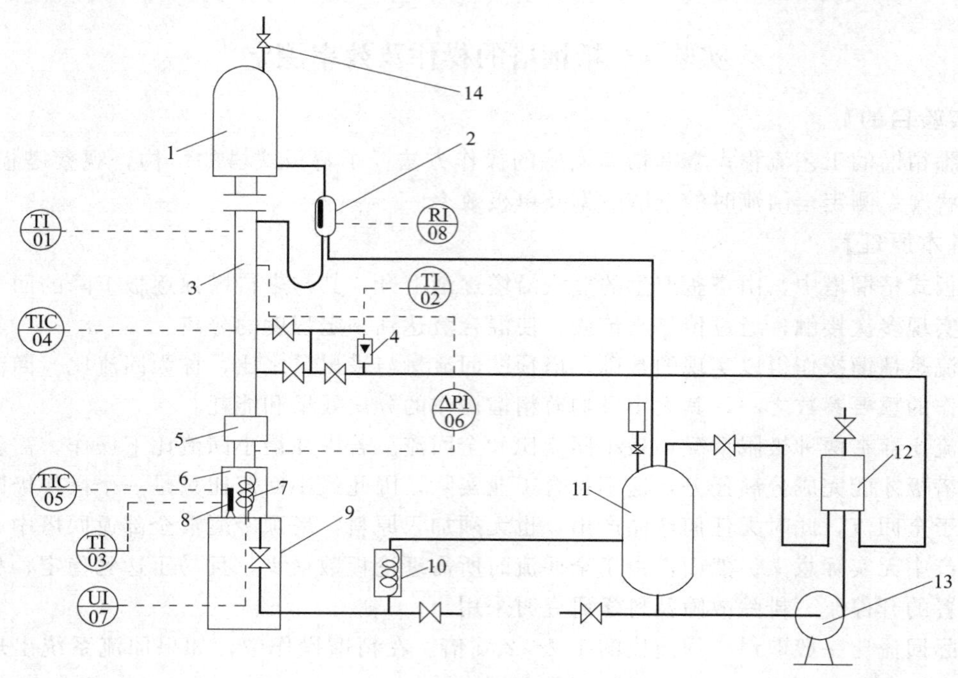

图 1-6　实验流程

1—塔顶冷凝器；2—回流比分配器；3—塔身；4—转子流量计；5—视盅；6—塔釜；7—塔釜加热器；8—控温加热器；9—支座；10—冷却器；11—原料液罐；12—缓冲罐；13—进料泵；14—塔顶放气阀

6mm。塔身设有一节玻璃视盅，以便于观察塔板上的汽-液接触情况。在第 1～6 块塔板上均设有液相取样口。

蒸馏釜尺寸为 ϕ108mm×4mm×400mm。塔釜装有液位计、电加热器（1.5kW）、控温电加热器（200W）、温度计接口、测压口和取样口，分别用于观测釜内液面高度，加热料液，控制电加热量，测量塔釜温度，测量塔顶与塔釜的压差和塔釜液取样。因本实验中所取试样为塔釜液相物料，故塔釜可视为一块理论板。塔顶冷凝器为一蛇管式换热器，换热面积为 0.06m^2。管外走蒸汽，管内走冷却水。

（2）回流分配装置　回流分配装置由控制器和回流分配器组成。控制器由控制仪表和电磁线圈组成。回流分配器则由玻璃制成，其由一个入口管、两个出口管和一个引流棒组成。两个出口管分别用于回流和采出。引流棒为一根 ϕ4mm 的玻璃棒，内部装有铁芯，塔顶冷凝器中的冷流液顺着引流棒流下，在控制器的控制下实现塔顶冷凝器的回流或采出操作。即当控制器电路接通后，电磁线圈将引流棒吸起，操作处于采出状态；当控制器电路断路时，电磁线圈不工作，引流棒自然下垂，操作处于回流状态。此回流分配器既可利用控制器进行手动控制，也可利用计算机进行自动控制。

（3）测控系统　实验中的塔顶温度、塔釜温度、塔身伴热温度、塔釜加热温度、全塔压降、加热电压、进料温度及回流比等参数均可利用人工智能仪表进行测定。该系统的引入不仅使实验更为简便、快捷，而且可实现计算机在线数据采集与控制。

（4）物料浓度分析　本实验所选用乙醇-正丙醇的双组分体系。由于这两种物质的折射率存在差异，且其混合物的质量分数与折射率有良好的线性关系，故可通过阿贝折射仪分析料液的折射率，进而通过计算得到体系中各组分的浓度。利用阿贝折射仪进行浓度测定的方法方便快捷、操作简单，但精度偏低。如果要实现浓度的高精度测量，可利用气相色谱进行浓度测定。

混合料液的折射率与质量分数（以乙醇计）的关系如下：

$$25℃\quad m=58.214-42.017n_D$$

$$30℃\quad m=58.405-42.194n_D$$

$$40℃\quad m=58.542-42.373n_D$$

式中　m——料液的质量分数；

n_D——料液的折射率（由实验测得）。

【操作要点】

① 首先对照实验流程图，结合实验设备，熟悉精馏过程，并弄清楚仪表柜上按钮与各仪表相对应的设备与测控点。

② 在原料储罐中加入配制的乙醇含量为20%～25%（摩尔分数）的乙醇-正丙醇料液，启动进料泵，向塔中供料，至塔釜液面达250～300mm。

③ 启动塔釜加热及塔身伴热，观察塔釜、塔身、塔顶温度及塔板上的气液接触状况（观察视镜）。当观察到塔板上有料液时，打开塔顶冷凝器的冷却水控制阀。

④ 测定全回流情况下的单板效率及全塔效率。在一定回流量下，全回流一段时间，待该塔操作参数稳定后，即可在塔顶、塔釜及相邻两块塔板的取样口处取样，然后利用阿贝折射仪对所取样品进行折射率测定。取样测定过程重复2～3次，并记录各操作参数。

⑤ 实验完毕后，关闭塔釜加热及塔身伴热，待一段时间后（视镜内无料液时），切断塔顶冷凝器及釜液冷却器的供水，切断电源，清理实验现场，离开实验室。

【报告要求】

① 说明本实验的目的、原理、装置及步骤。

② 记录实验数据。

③ 在直角坐标系中绘制 x-y 图，用图解法求出理论板数。

④ 求出全塔效率和单板效率。

⑤ 实验结果讨论。

⑥ 思考题。

【原始数据记录表】

见表1-8。

日期______________　实验人员______________

室温（℃）__________　大气压（MPa）__________

表1-8　数据记录

取样位置	折射率1	折射率2	折射率3
塔顶			
相邻的上板			
相邻的下板			
塔底			

【思考题】

① 什么是全回流？全回流操作有哪些特点，在生产中有什么实际意义？如何测定全回流条件下塔的气液负荷？

② 塔釜加热对精馏操作的参数有什么影响？塔釜加热量主要消耗在何处？与回流量有无关系？

③ 如何判断塔的操作已达到稳定？

④ 什么叫“灵敏板”？塔板上的温度（或浓度）受哪些因素影响？试从相平衡和操作因素两方面分别予以讨论。

⑤ 当回流比 $R<R_{min}$ 时，精馏塔是否还能进行操作？如何确定精馏塔的操作回流比？

⑥ 冷料进料对精馏塔操作有什么影响？进料口位置如何确定？

⑦ 塔板效率受哪些因素影响？

实验5　雷诺演示实验

【实验目的】

观察流体在管内流动的各种流态，建立层流和湍流流动形态的感性认识；掌握雷诺数 Re 的测定与计算方法；验证临界雷诺数，掌握流动类型与 Re 之间的关系；了解层流时流体在管道中的速度分布情况。

【实验原理】

液体在运动时，存在着两种不同的流动状态，分别为层流和湍流。当液体流速较小时，惯性力较小，黏滞力对质点起控制作用，使各流层的液体质点互不混杂，液流呈层流运动。当液体流速逐渐增大，惯性力也逐渐增大，黏滞力对质点的控制力减弱。当流速达到一定程度时，各流层的液体形成涡体并能脱离原流层，液流质点出现互相混杂现象，液流呈湍流运动。这种从层流到湍流的运动状态，反映了液流内部结构从量变到质变的过程。

英国物理学家雷诺对液流形态做了定性与定量实验，即为著名的雷诺实验。根据研究结果，提出了液流形态可采用无量纲数雷诺数 Re 来判断，$Re=du\rho/\mu$，其中 μ 为流体黏度，Pa·s；d 为管子内经，m；ρ 为流体密度，kg/m^3；u 为管内流体流速，m/s。当 $Re\geqslant4000$ 时为湍流；当 $Re\leqslant2000$ 时为层流；当 $2000\leqslant Re\leqslant4000$ 时为过渡流。当液流形态开始变化时的雷诺数称为临界雷诺数。雷诺实验中有色液体质点运动的变化反映了液流的形态。层流时，有色液体呈直线运动状态，与水互不混掺；湍流时，可观察到大小不等的涡体振荡于各流层之间，有色液体与水混掺。应注意区分下临界雷诺数和上临界雷诺数。

【实验装置】

图1-7为雷诺实验装置示意图。实验时，缓慢开启出水阀，并打开有色液体盒连接管上的小阀，有色液即可流入圆管中，呈现出层流或湍流状态。

采用无级调速器3调控供水流量，使恒压水箱4始终保持微溢流状态，以保证进口前水体的稳定。恒压水箱上设有的多道稳水隔板可使稳水时间缩短到3～5min。有色水经水管5流入实验管道8，根据有色水散开与否可判断液体流态。为避免自循环水污染，有色指示水采用自行消色的专用有色水。

【实验操作】

① 依次检查实验装置的各个部件，了解其名称与作用，并检查是否正常。

② 关闭各个排水阀门和流量调节阀门，启动泵向实验水箱供水。

③ 待实验水箱溢流口有水溢流以后，稍开流量调节阀门，调节指示液试剂调节阀使指示液呈不间断细流排出。

④ 调节水量由小缓慢增大，同时观察指示液流形态，并记下指示液呈一条直线、指示

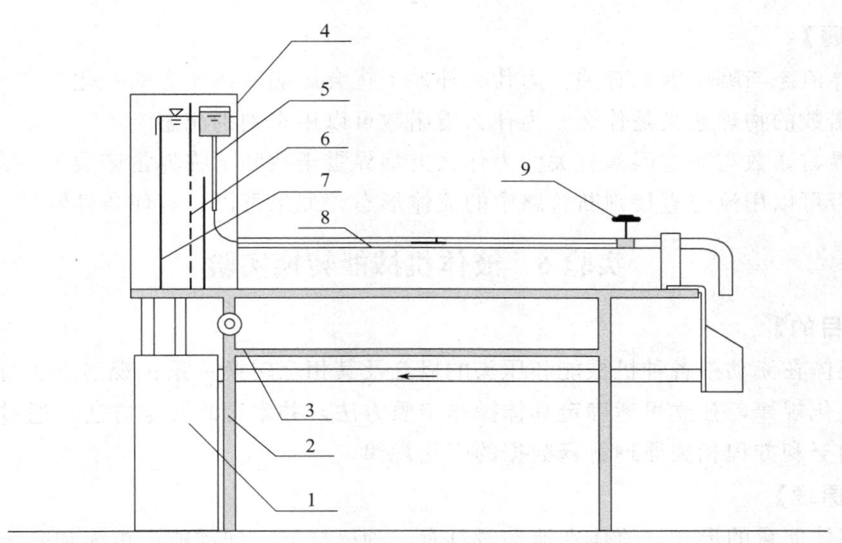

图 1-7　雷诺实验装置示意图

1—自循环供水器；2—实验台；3—可控硅无级调速器；4—恒压水箱；5—有色水水管；6—稳水孔板；7—溢流板；8—实验管道；9—实验流量调节阀

液开始波动、指示液与流体（水）全部混合时，通过秒表和量筒来确定的流量，计算 Re 值。将测得的 Re 临界值与理论值比较，重复此步骤多次，以计算 Re 临界平均值。

⑤ 实验结束，关闭水电，将各个水箱中液体排尽，试剂盒中指示剂排尽后需用清水洗涤，防止残液将尖嘴堵死。

【实验报告】

① 说明本实验的目的、原理、装置及步骤。

② 记录实验数据。

③ 根据实验数据，计算雷诺数。

④ 实验结果讨论。

⑤ 思考题。

【原始数据记录表】

见表 1-9。

日期________________　　实验人员________________

水的温度（℃）__________　　水的黏度（Pa·s）__________

水的密度（kg/m^3）__________　　管径（mm）________________

表 1-9　实验数据记录

序　号	流量 Q /(m^3/s)	流速 u /(m/s)	雷诺数 Re	流动状态		备注
				由 Re 判断	实验现象	
1						
2						
3						
4						
5						
6						

【讨论题】

① 液体流态与哪些因素有关？为什么外界干扰会影响液体流态的变化？

② 雷诺数的物理意义是什么？为什么雷诺数可以用来判别流态？

③ 临界雷诺数与哪些因素有关？为什么上临界雷诺数和下临界雷诺数不一样？

④ 是否可以用流速直接判断管路中的流体形态，如果可以，有何条件？

实验 6　液体机械能转换实验

【实验目的】

掌握流体在流动中各种机械能和压头的概念及其相互转换关系；观察流速与压头在流动过程中的变化规律，独立思考确定具体操作步骤方法，并掌握其测定方法；通过测定系列数据，利用伯努利方程相关原理解释数据的变化规律。

【基本原理】

(1) 流体能量的形式　流体在流动时具有三种机械能，即动能、位能和静压能。这三种能量之间可以相互转换。当管路条件改变时，这些能量之间会自行转化。对于理想流体，由于不存在因摩擦和碰撞而产生的机械能损失，因此在同一管路的任何两个截面上，尽管三种机械能各自不一定相等，但这三种机械能的总和总是相等的。

实际流体因存在内摩擦，在流动过程中总有部分机械能因摩擦和碰撞而转化为热能。转化为热能的机械能在管路中是不能恢复的。因此，对于实际流体，两个截面上的机械能总和不相等，两者之差即为流体在这两个截面之间流动时因摩擦和碰撞转化成为热而损失的那一部分机械能，即机械能损失。

(2) 液体柱表示流体机械能　流体机械能可采用测压管中的一段液体柱高度来表示。在流体力学中，把表示各种机械能的流体柱高度称为“压头”，如表示位能的称为位压头，表示动能的称为动压头，表示静压能的称为静压头，表示损失的机械能的称为损失压头。当测压管上的小孔（即测压孔的中心线）与水流方向垂直时，测压管内的液位高度即为静压头，它反映测压点处液体的压强大小。测压孔处液体的位压头则由测压孔的几何高度决定。当测压孔由上述方位转为正对水流方向时，测压管内液位将因此上升，所增加的液位高度即为测压孔处液体的动压头，它反映出该点水流动能的大小。此时，测压管内液位总高度则为静压头与动压头之和。任何两个截面上，位压头、动压头、静压头三者总和之差即为损失压头，它表示流体流过这两个截面之间的机械能损失。

【装置和流程】

能量转换流程示意如图 1-8 所示。

【操作要点】

① 将低位槽灌有一定数量的蒸馏水，关闭离心泵出口调节阀门及实验测试导管出口调节阀门后，启动离心泵。

② 逐步开大离心泵出口调节阀，当高位槽溢流管有液体溢流后，调节导管出口调节阀为全开位置。

③ 流体稳定后读取各测压截面静压头和冲压头并记录数据。

④ 关小导管出口调节阀重复步骤。

⑤ 分析讨论流体流过不同位置处的能量转换关系并得出结果。

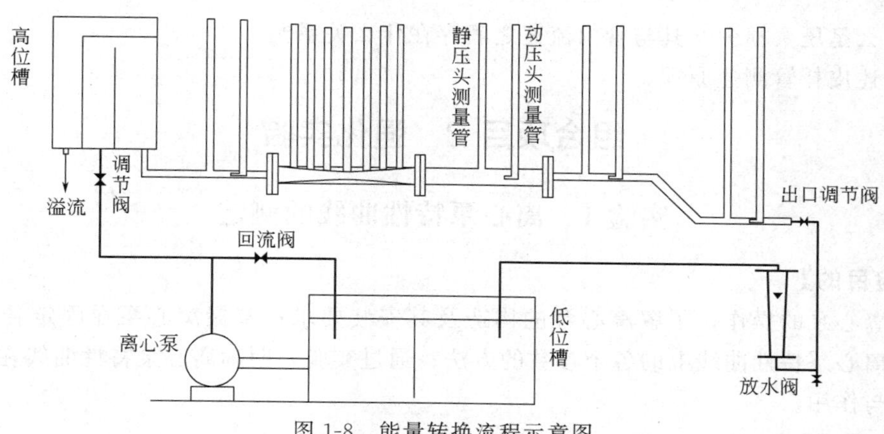

图 1-8　能量转换流程示意图

⑥ 关闭离心泵，实验结束。

【设备使用注意事项】

① 离心泵出口调节阀不能开得过大，以免水流冲击到高位槽外面，同时导致高位槽液面不稳定。

② 当导管出口调节阀开大时应检查高位槽内的水面是否稳定，当水面下降时应适当开大泵出口调节阀。

③ 导管出口调节阀须缓慢地关小，以免造成流量突然下降测压管中的水溢出管外。

④ 注意排除实验导管内的空气泡。

⑤ 离心泵不能在空转和出口阀门全关的条件下工作。

【报告要求】

① 说明本实验的目的、原理、装置及步骤。

② 记录实验数据。

③ 绘出机械能三种能量的转换关系曲线。

④ 总结出机械能三种能量与流速之间的关系。

⑤ 实验结果讨论。

⑥ 思考题。

【原始数据记录表】

见表 1-10。

日期__________　　实验人员__________

室温（℃）______　　大气压（MPa）______

表 1-10　实验数据记录

序　号	1	2	3	4	5	6	7	8
流量								
动能								
位能								
静压能								

【思考题】

① 伯努利方程表示的物理意义是什么？等式两边如何解释？

② 试说明动压头、静压头、位压头、总压头在本实验中是如何测定的？

③ 什么是压头损失？其与管内流速之间存在什么关系？

④ 简述皮托管测速原理。

组合项目2　强化实验

实验1　离心泵特性曲线的测定

【实验目的】

熟悉离心泵的操作，了解离心泵的构造及其安装要求；掌握离心泵在固定转速的条件下，测定离心泵特性曲线上的各个参数的方法；通过实验，明确离心泵特性曲线在生产实践中的意义与作用。

【基本原理】

离心泵是输送液体的常用机械设备。根据生产的要求（流量和压头），并参照泵的性能，可在生产中选用一台既能满足生产任务，又经济合理的离心泵。离心泵的流量（Q）变化时，泵的扬程（H_e）、功率（N）和效率（η）都会发生变化。要正确地选择和使用离心泵就必须掌握相应的变化规律，即 H_e-Q 曲线、N-Q 曲线、η-Q 曲线，这三条曲线称为离心泵的特性曲线（图1-9）。离心泵的特性曲线可由实验测得，通过改变流量 Q，并计算出此时的扬程（H_e）、功率（N）和效率（η），即可获得 H_e-Q 曲线、N-Q 曲线、η-Q 曲线。另外，可根据此特性曲线，找出泵的最佳操作范围，作为选择离心泵的依据。

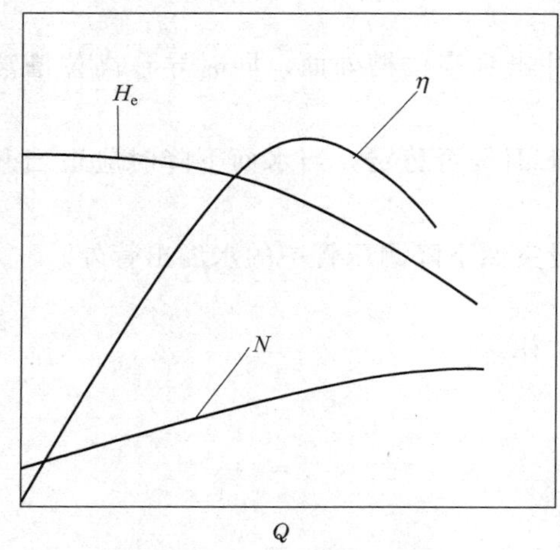

图1-9　离心泵性能曲线图

由于两测压点之间的管路很短，摩擦阻力损失可忽略不计，两侧的管径看作一致，则离心泵的扬程可用下式计算：

$$H_e = H_{出口压力表} + H_{入口真空表} + H_0$$

式中　$H_{出口压力表}$——泵出口处的压力，mH_2O；

$H_{入口真空表}$——泵入口处的真空度，mH_2O；

H_0——压力表和真空表两测压口间的垂直距离，试验中测量得到，m。

由于泵在运转过程中存在能量损失，使泵的实际压头和流量比理论值低，而输入泵的功率又比理论值高，所以泵的总效率为：

$$\eta = \frac{N_e}{N_{轴}} \qquad N_e = Q\rho H_e g$$

式中　η——泵的效率；

N_e——泵的有效功率，kW；

$N_{轴}$——轴功率，kW；

Q——流量，m^3/s；

H_e——扬程，m；

ρ——流体密度，kg/m^3；

g——重力加速度，m/s^2。

由泵输入离心泵的功率 $N_{轴}$ 为

$$N_{轴}=N_{电}\eta_{电}\eta_{转}$$

式中　$N_{电}$——电机的输入功率，kW；

$\eta_{电}$——电机效率，取 0.9；

$\eta_{传}$——传动装置的效率，取 1.0。

【装置和流程】

实验装置及流程如图 1-10 所示。

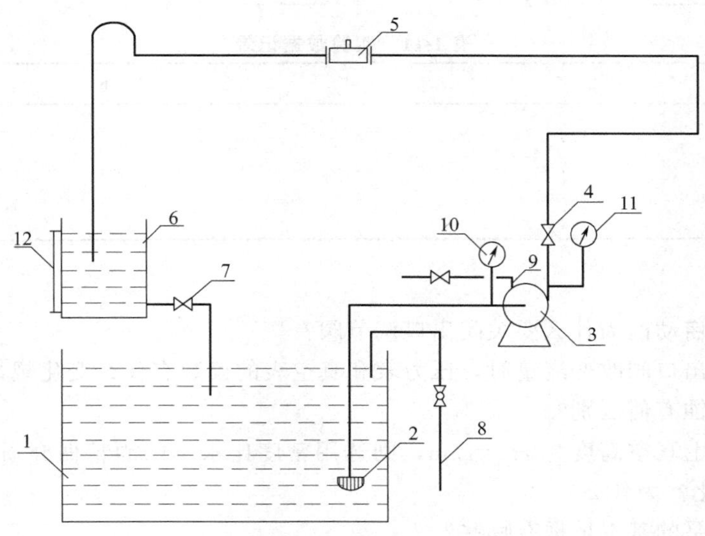

图 1-10　离心泵性能曲线测定实验流程图

1—水池；2—底阀；3—离心泵；4—出口调节阀；5—涡轮流量计；6—计量槽；7—放水阀；8—进水管；9—灌泵口；10—真空表；11—压力表；12—液位计

【操作要点】

本实验通过调节阀门改变流量，测得不同流量下离心泵的各项性能参数。流量可通过涡轮流量计测量。

① 检查电机和离心泵是否运转正常。打开电机电源开关，观察电机和离心泵的运转情况，如无异常，可切断电源，准备在实验中使用。

② 实验前，首先灌泵（打开灌泵阀），排出泵内的气体（打开流量调节阀），灌泵完毕后，关闭出口调节阀及灌水阀。

③ 实验时，关闭出口调节阀，启动离心泵，逐渐打开调节阀以增大流量，根据涡轮流量计测定流量，待示数稳定后，记录此流量下泵的功率、出入口压力表示数及水温。

④ 改变出口阀门开度，改变流量，测取 8～10 组数据并验证其中几组数据，若基本吻合后，可以停泵，同时记录下设备的相关数据。

⑤ 实验完毕，停泵，记录相关数据，清理现场。

【报告要求】

① 说明本实验的目的、原理、装置及步骤。

② 记录实验数据。

③ 在双对数坐标系中绘出 $Nu/Pr^{0.4}$-Re 的关联曲线。

④ 整理出流体在圆形管道内做强制湍流时传热膜系数的半经验关联式。

⑤ 将通过实验测量得到的半经验关联式与公认的关联式进行对比，并分析原因。

⑥ 实验结果讨论。

⑦ 思考题。

【原始数据记录表】

见表 1-11。

日期＿＿＿＿＿＿　实验人员＿＿＿＿＿＿

室温（℃）＿＿＿＿　大气压（MPa）＿＿＿＿

表 1-11　实验数据记录

序　号	1	2	3	4	5	6	7	8
流量								
出口压力表								
入口真空表								
电机输入功率								

【讨论题】

① 离心泵在启动前为什么要关闭出口调节阀？

② 通过调节出口阀改变流量时，压力表和真空表的读数有什么变化规律？

③ 气缚与气蚀有何区别？

④ 若允许吸上真空高度为 $H_s=7\text{m}$，则选用密度比水小的酒精做介质时，允许吸上真空高度将如何变化？为什么？

⑤ 选择离心泵的基本依据有哪些？

实验 2　板框过滤机过滤常数测定

【实验目的】

掌握过滤方程式中的常数 K、q_e 及 θ_e 的测定方法；通过实验加深对过滤单元操作的理解；掌握压滤操作的全过程，包括调料、组装、过滤、洗涤（吹气）、去饼、洗净等操作。

【实验原理】

板框过滤是将液-固混合物的滤浆在一定压强下送入两侧覆有过滤介质（滤布）的滤框内，滤液通过滤布流走，固体物（滤渣）被滤布截留在框内。板框过滤分为恒压过滤和恒速过滤两种操作方式。过滤时固体颗粒不断被截留，介质表面慢慢形成滤饼且其厚度逐渐增加，滤液通过滤饼的阻力也随之增加，过滤速率随着滤饼增厚而减小，该方式为恒压过滤；如果要保持过滤速率不变，就需不断增加介质两侧的压差，该方式为恒速过滤。本实验采用恒压过滤操作。

过滤速率基本方程的一般形式为：

$$\frac{\mathrm{d}V}{\mathrm{d}\tau}=\frac{A^2\Delta p^{1-s}}{\mu r'\nu(V+V_e)}$$

式中　V——τ 时间内的滤液量，m^3；

V_e——过滤介质的当量滤液体积。即形成相当于滤布阻力的一层滤渣所得的滤液体积，m^3；

A——过滤面积，m^3；

Δp——过滤的压降，Pa；

μ——滤液黏度，Pa·s；

ν——τ 时滤饼体积与相应滤液体积比，无量纲；

r'——单位压差下滤饼的比阻，m^{-2}；

s——滤饼的压缩指数，无量纲。一般情况下，$s=0\sim1$；对于不可压缩滤饼，$s=0$。

恒压过滤时，对上式积分可得：

$$(q+q_e)^2=K(\tau+\tau_e)$$

式中　q——单位过滤面积的滤液量，$q=V/A$，m^3/m^2；

q_e——单位过滤面积的虚拟滤液量，m^3/m^2；

K——过滤常数，$K=2\Delta p^{1-s}/(\mu r'\nu)$，$m^2/s$；

τ——过滤介质获得滤液体积所需时间；

τ_e——过滤介质获得单位滤液体积所需时间；

ν——τ 时滤饼体积与相应滤液体积比，无量纲；

r'——单位压差下滤饼的比阻，$1/m^2$。

对上式微分可得：

$$\frac{d\tau}{dq}=\frac{2q}{K}+\frac{2q_e}{K}$$

该式表明 $d\tau/dq$-q 为直线，其斜率为 $2/K$，截距为 $2q_e/K$。为便于测定数据计算速率常数，可采用 $\Delta\tau/\Delta q$ 来替代 $d\tau/dq$，则上式可改写为：

$$\frac{\Delta\tau}{\Delta q}=\frac{2q}{K}+\frac{2q_e}{K}$$

将 $\Delta\tau/\Delta q$ 对 q 标绘（q 取每个时间间隔内的平均值）。在正常情况下，各交点均应在同一条直线上。如图 1-11 所示，直线斜率为 $2/K=a/b$，截距为 $2q_e/K=c$，故可求出 K 和 q_e 值。

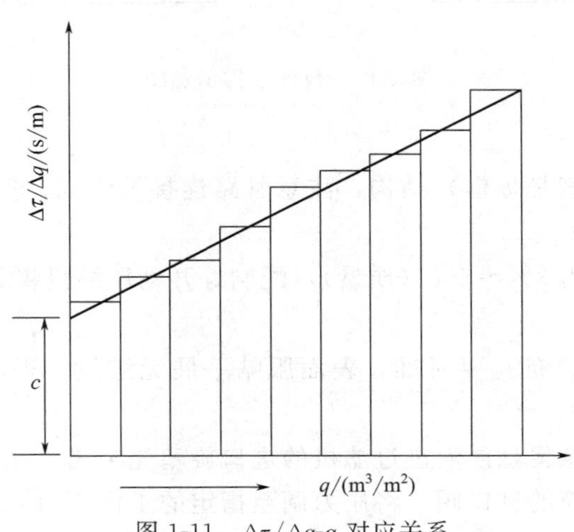

图 1-11　$\Delta\tau/\Delta q$-q 对应关系

【实验装置】

实验装置如图 1-12 所示。

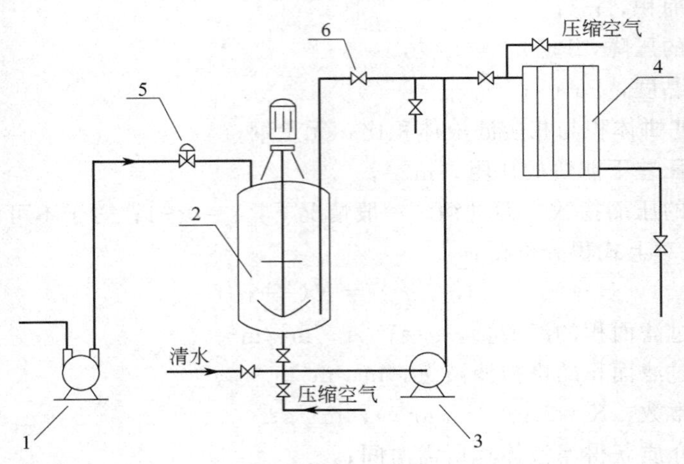

图 1-12　板框过滤实验流程图

1—压缩机；2—配料釜；3—供料泵；4—板框过滤机；5—压力控制阀；6—旁路阀

碳酸钙悬浮液在配料釜内配置，搅拌均匀后，通过供料泵送至板框过滤机进行过滤，滤液流入计量筒，碳酸钙则在滤布上形成滤饼。为调节不同操作压力，管路上还装有旁路阀。板框过滤机的板框结构如图 1-13 所示，滤板厚度为 12mm，每个滤板的面积（双面）为 $0.0216m^2$。

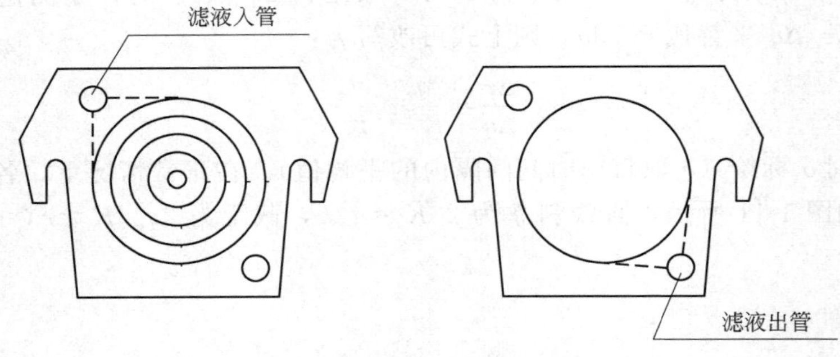

图 1-13　板框结构示意图

【实验操作】

① 观察过滤机（尤其是板框）结构，注意管路连接及走向，安装滤布，调整板框安装顺序（1-2-3-2-1-2-3-2-1…）。

② 配制悬浮液浓度为 3%～5%（质量），配制好开动压缩机将其送入储浆罐中，使滤液均匀搅拌。

③ 滤布应先湿透，滤布孔要对准，表面服帖平展无皱纹，否则容易漏液，装好滤布，排好板框，然后压紧板框。

④ 检查阀门，应注意将悬浮液进过滤机的进口旋塞先关闭。

⑤ 启动后打开悬浮液的进口阀，将压力调至指定的工作压力。

⑥ 滤液由接受器收集，并用电子天平计量。

⑦ 每隔一定时间（例如 15s）采集 1 次，采集 10 组数据即可停止实验。

仪器及试剂：板框压滤机、碳酸钙悬浊液、电子秤（称重 5000g，感量 0.1g）。

【实验报告】

① 说明本实验的目的、原理、装置及步骤。

② 记录实验数据。

③ 根据实验数据，绘出 $\Delta\tau/\Delta q$-q 图，列出 K、q_e、τ_e的值。

④ 得出完整的过滤方程式。

⑤ 实验结果讨论。

⑥ 思考题。

【原始数据记录表】

见表 1-12。

日期____________　　实验人员____________

室温（℃）________　　大气压（MPa）________

表 1-12　实验数据记录

序　号	1	2	3	4	5	6	7	8	9
时间									
质量									

【讨论题】

① 分析讨论操作压力、流体速度及悬浮液含量对过滤速率的影响。

② 操作过程中浆料温度有何变化？对实验数据有何影响？如何克服？

③ 本实验中哪些地方容易引起误差，如何减小误差？

实验 3　流化床干燥实验

【实验目的】

① 了解流化床干燥器的基本流程及操作方法。

② 掌握流化床流化曲线的测定方法，测定流化床床层压降与气速的关系曲线。

③ 测定物料含水量及床层温度随时间变化的关系曲线。

④ 掌握物料干燥速率曲线测定方法，测定干燥速率曲线，并确定临界含水量 X_0 及恒速阶段的传质系数 K_H 及降速阶段的比例系数 K_x。

【实验原理】

（1）流化曲线　通过测量不同空气流量下的床层压降，可得到流化床床层压降与气速的关系曲线，如图 1-14 所示。当气速较小时，操作过程处于固定床阶段（AB 段），床层基本静止不动，气体只能从床层空隙中流过，压降与流速成正比，斜率约为 1（在双对数坐标系中）。当气速逐渐增大（进入 BC 阶段），床层开始膨胀，空隙率增大，压降与气速的关系不再成比例。当气速继续增大，进入流化阶段（CD 段），固体颗粒随气体流动而悬浮运动，随着气速的增加，床层高度逐渐增加，但床层压降基本保持不变，等于单位面积的床层净重。当气速增大至某一值后（D 点），床层压降减小，颗粒逐渐被气体带走，进入了气流输送阶段。D 点处的流速被称为带出速度（u_0）。在流化状态下降低气速，压降与气速的关系将沿图中的 DC 线返回至 C 点。若气速继续降低，曲线将无法按 CBA 继续变化，而是沿 CA'变化。C 点处的流速被称为起始流化速度（u_{mf}）。

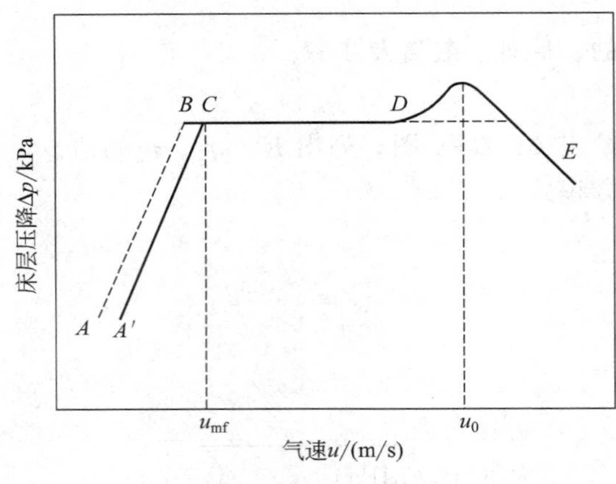

图 1-14　流化曲线

在生产操作中，气速应介于起始流化速度与带出速度之间，此时床层压降保持恒定，这是流化床的重要特点。据此，可以通过测定床层压降来判断床层流化的优劣。

（2）干燥特性曲线　将湿物料置于一定的干燥条件下，测定物料的质量和温度随时间变化的关系，可得到物料含水量（X）与时间（τ）的关系曲线及物料温度（θ）与时间（τ）的关系曲线，称为干燥曲线（如图 1-15 所示）。物料含水量与时间关系曲线的斜率即为干燥速率（u）。将干燥速率对物料含水量作图，即得干燥速率曲线（如图 1-16 所示）。干燥过程可分为以下 3 个阶段。

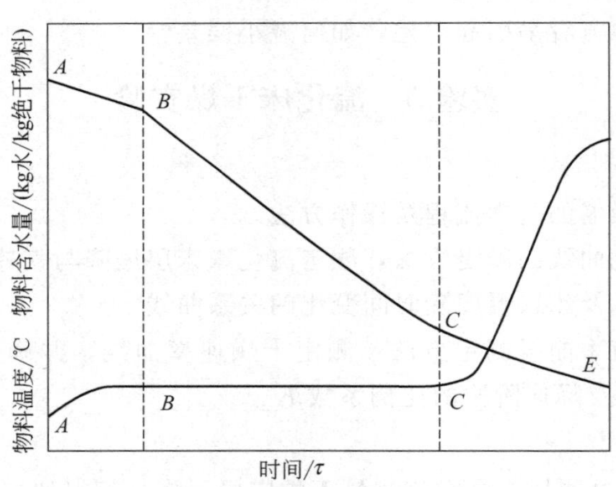

图 1-15　恒定干燥条件下某物料的干燥曲线

① 物料预热阶段（AB 段）　干燥初期有一时间较短的预热阶段，空气传递的一部分热量用于加热物料，物料含水量随时间变化不大。

② 恒速干燥阶段（BC 段）　物料内部水分可扩散到物料表面使物料表面完全润湿，此时物料表面温度等于空气的湿球温度，热量只用于蒸发物料表面的水分，物料含水量随时间成比例减少，干燥速率恒定且最大。

③ 降速干燥阶段（CDE 段）　物料含水量降至临界含水量（X_0），此时物料内部水分的扩散速率比物料表面的蒸发速率慢，无法维持物料表面完全湿润而形成部分干区，故干燥速率开始降低，物料温度逐渐上升。物料含水量越小，干燥速率越慢，直至达到平衡含水量

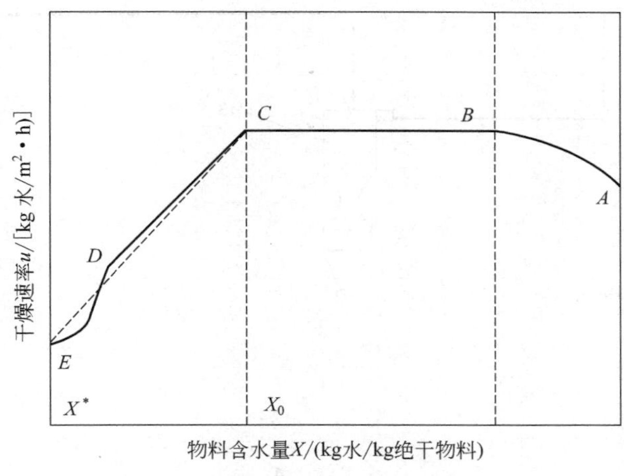

图 1-16　干燥速率曲线

（X^*）时干燥终止。

干燥速率是指在单位时间内单位表面积上汽化的水分量，可表示为：

$$u=\frac{\mathrm{d}W}{A\,\mathrm{d}\tau}$$

式中　u——干燥速率，kg/(m^2 · s)；

A——干燥表面积，m^2；

$\mathrm{d}\tau$——相应的干燥时间，s；

$\mathrm{d}W$——汽化的水分量，kg。

图 1-16 中的横坐标 X 为对应于某一干燥速率下的物料平均含水量，其计算公式为：

$$\overline{X}=\frac{X_i+X_{i+1}}{2}$$

式中　$\overline{X}$——某一干燥速率下湿物料的平均含水量，kg 水/kg 绝干物料；

X_i、X_{i+1}——$\Delta\tau$ 时间间隔内开始和终了时的含水量，kg 水/kg 绝干物料。

$$X_i=\frac{G_{si}-G_{ci}}{G_{ci}}$$

式中　G_{si}——第 i 时刻取出的湿物料的质量，kg；

G_{ci}——第 i 时刻取出的物料的绝干质量，kg。

干燥速率不仅取决于空气的性质和操作条件，而且还受到物料性质、结构及含水量的影响，因此，干燥速率曲线只能通过实验测定。本实验装置为间歇操作的沸腾床干燥器，可测定达到一定干燥要求所需的时间。本实验的结果可为工业上连续操作流化床干燥器的设计提供依据。

【实验装置】

实验装置如图 1-17 所示。

【实验操作】

（1）流化床实验

① 加入固体物料至玻璃段底部。

② 调节空气流量，测定不同空气流量下床层压降。

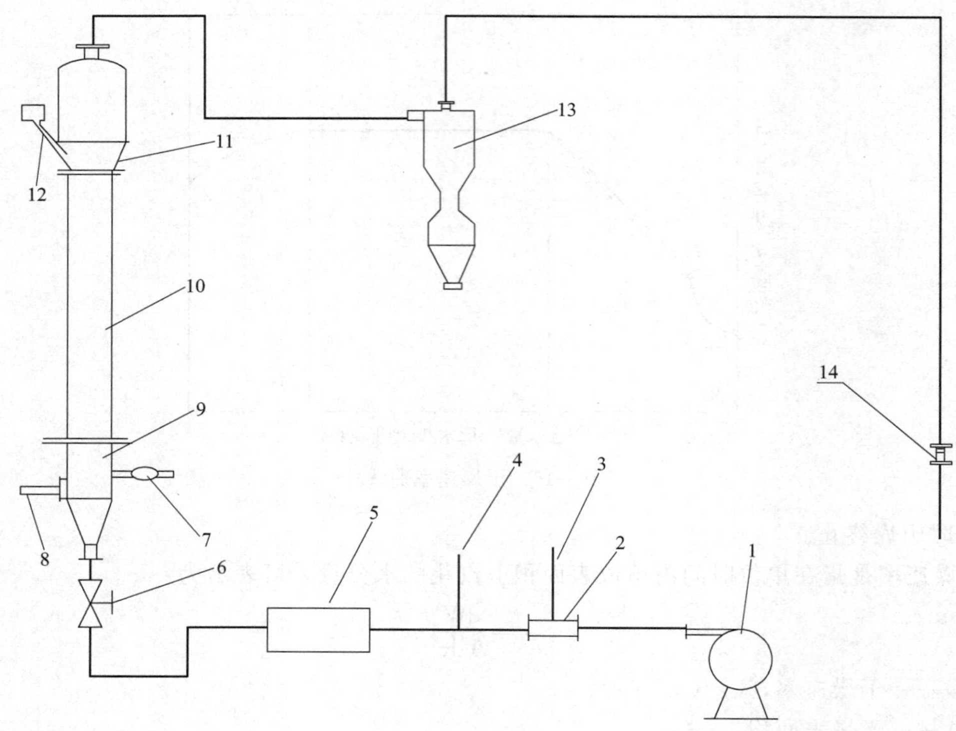

图 1-17 流化床干燥实验装置和流程

1—风机；2—湿球温度计水筒；3—湿球温度计；4—干球温度计；5—空气加热器；6—空气流量调节阀；7—放净口；8—取样口；9—不锈钢筒体；10—玻璃筒体；11—气固分离段；12—加料口；13—旋风分离器；14—孔板流量计

（2）干燥速率曲线测定实验

① 将电子天平开启，并处于待用状态。

② 将快速水分测定仪开启，并处于待用状态。

③ 准备一定量的被干燥物料（绿豆或小麦），取 0.5kg 左右放入热水（60～70℃）中泡 20～30min，取出，并用干毛巾吸干表面水分，待用。

④ 湿球温度计水筒中补水，但液面不得超过预警值。

⑤ 床身预热。启动风机及加热器，通过空气流量调节阀控制空气在某一流量下（孔板流量计压差控制在 3kPa 左右），控制加热器表面温度（80～100℃）或空气温度（50～70℃）稳定。

⑥ 进料。打开进料口，将待干燥物料慢慢加入，关闭进料口。

⑦ 取样。采用小器皿（如烧杯）取样，每隔 2～3min 取一次样，并记上编号和取样时间，待分析用。共做 8～10 组数据，做完后，关闭加热器和风机电源。

⑧ 记录数据。在每次取样的同时，要记录床层温度、空气干球、湿球温度、流量和床层压降等。

【分析】

将上述每次取出的样品在电子天平上称量 5～10g，放入烘箱内烘干，烘箱温度设定为 120℃，1h 后取出，在电子天平上称取其质量，该质量即可视为样品的绝干物料质量。

【实验报告】

① 说明本实验的目的、原理、装置及步骤。

② 记录实验数据。

③ 在双对数坐标纸上绘出流化床的 Δp-u 图。

④ 绘出干燥速率与物料含水量关系图，并注明干燥操作条件。

⑤ 确定平衡含水量 X_0，并根据实验结果计算恒速干燥阶段的传质系数 K_H。

⑥ 实验结果讨论。

⑦ 思考题。

【原始数据记录表】

见表1-13、表1-14。

日期________　　　　实验人员________

室温（℃）________　　　　大气压（MPa）________

表1-13　干燥数据记录

序号	时间/min	孔板压降/kPa	床层压降/kPa	床身温度/℃	干球温度/℃	湿球温度/℃	湿重/g	干重/g	烧杯重/g
1	0								
2	3								
3	6								
4	9								
5	12								
6	15								
7	18								
8	21								
9	24								
10	27								

表1-14　流化数据记录

序　号	孔板压降/kPa	压降/kPa
1		
2		
3		
4		
5		
6		
7		
8		
9		
10		

【讨论题】

① 测定干燥速率曲线有什么工业意义？流化床干燥为何能强化干燥？

② 控制恒速和降速干燥阶段干燥速率的因素分别是什么？

③ 本实验所得的流化床压降与气速曲线有何特征？

④ 流化床操作中，存在腾涌和沟流两种不正常现象，如何利用床层压降对其进行判断？怎样避免这些现象的发生？

⑤ 为什么同一湿度的空气，温度较高越有利于干燥操作的进行？

⑥ 本装置在加热器入口处安装有干、湿球温度计，假设干燥过程为绝热增湿过程，如何求得干燥器内空气的平均湿度？

实验4　萃取实验

【实验目的】

了解转盘萃取塔的结构特点，掌握其操作方法；测定不同流量、转速等操作条件下的萃取效率。

【基本原理】

萃取是利用原料液混合物中各组分在两个液相中溶解度不同而使混合物得以分离的单元操作。实验过程中，将一定量萃取剂（水）与原料液（煤油和苯甲酸混合液）在转盘萃取塔内充分混合，溶质（苯甲酸）通过相界面由原料液向萃取剂中扩散，达到分离效果。对于转盘萃取塔，可采用传质单元数和传质单元高度对传质过程进行计算。

传质单元数反映过程分离难易程度。对稀溶液，可近似由下式表示：

$$N_{OR}=\int_{x_2}^{x_1}\frac{\mathrm{d}x}{x-x^*}$$

式中　N_{OR}——萃余相为基准的总传质单元数；

x——萃余相的溶质的浓度，以摩尔分数表示；

x^*——与萃取浓度成平衡的萃余相溶质的浓度，以摩尔分数表示；

x_1，x_2——两相进塔和出塔的萃余相浓度。

传质单元高度反映设备传质性能的优劣，可由下式表示：

$$H_{OR}=\frac{H}{N_{OR}}$$

$$K_x a=\frac{L}{H_{OR}\Omega}$$

式中　H_{OR}——以萃余相为基准的传质单元高度，m；

H——萃取塔的有效接触高度，m；

$K_x a$——以萃余相为基准的总传质系数，kg/(m^3 · h)；

L——萃余相的质量流量，kg/h；

Ω——塔的截面积，m^2。

已知塔高度 H 和传质单元数 N_{OR}，可由上式获得 H_{OR}的值。H_{OR}反映萃取设备传质性能的好坏。H_{OR}越大，设备效率越低。萃取设备传质性能的影响因素很多，主要包括设备结构因素、两相物质性因素、操作因素以及外加能量的形式和大小。

【流程与操作】

萃取实验流程如图图 1-18 所示。

本实验以水为萃取剂，从煤油中萃取苯甲酸。采用的萃取塔为转盘塔，塔径为 50mm，

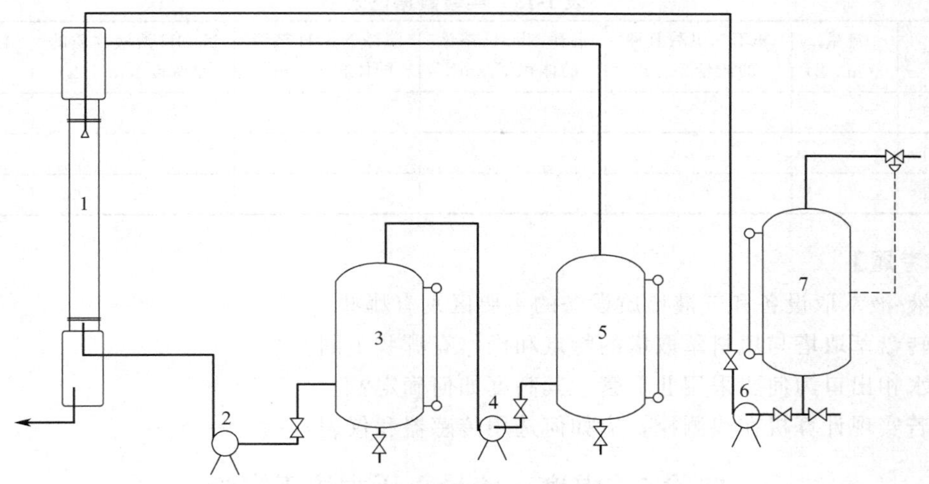

图 1-18　萃取实验流程

1—转盘萃取塔；2—油泵；3—原料罐；4—循环泵；5—萃余料罐；6—水泵；7—水罐

转盘直径为 34mm，转盘间距为 35mm，共 16 快转盘，转盘转速调节范围为 150～600r/min。油相为分散相，从塔底加入，水为连续相从塔顶加入，流至塔底经液位调节罐流出。水相和油相中的苯甲酸浓度可采用滴定的方法测定（见附录 B）。由于水与煤油不互溶，且苯甲酸在两相中的浓度均较低（见附录 A），故可近似认为萃取过程中两相的体积流量保持恒定。

【操作步骤】

① 在水罐中注入适量的水，在油相原料罐中放入配好适宜浓度的苯甲酸-煤油混合液。

② 打开水转子流量计，将连续相水送入塔内，当塔内液面升至重相入口和轻相出口中点附近时，使其流量稳定，缓慢调节液面调节罐使液面保持稳定。

③ 开启转盘转动开关，并将其转速调至稳定的值。

④ 开启油泵，将油相以一稳定的流量送入塔内。注意并及时调整调节罐，使液面稳定保持于塔中部，以免两相界面在轻相出口之上，而导致水相混入油相储槽。

⑤ 操作稳定后，收集水相出口、油相进口和出口样品，并滴定分析样品中苯甲酸的含量。在滴定时，需加入数滴非离子表面活性剂的稀溶液。

⑥ 改变转盘转速、水相或油相的流量等操作参数，进行实验。

【报告要求】

① 说明本实验的目的、原理、装置及步骤。

② 记录实验数据。

③ 计算萃取过程的传质单元高度和传质单元数。

④ 考察不同流量、转速等操作条件下的萃取效率。

⑤ 实验结果讨论。

⑥ 思考题。

【原始数据记录表】

见表 1-15。

日期____________　　实验人员____________

室温（℃）________　　大气压（MPa）________

表 1-15 实验数据记录

取样位置	流量 /(m^3/h)	邻苯二甲酸氢钾的质量 m_1/g	消耗 NaOH 溶液的体积 V_1/mL	消耗 NaOH 溶液的体积 V_2/mL	NaOH 溶液物质的量浓度/(mol/L)	样品质量 m_2/g
水相出口						
油相进口						
油相出口						

【思考题】

① 液-液萃取设备和气液传质设备的主要区别有哪些？

② 转盘萃取塔与填料萃取塔的特点和操作有哪些不同？

③ 水相出口为何要采用Ⅱ形管，其高度如何确定？

④ 若实现计算机在线测控，应如何选用传感器和仪表？

实验 5 温度、流量、压力校正实验

【实验目的】

了解温度、流量、压力的矫正方法；利用 FLUKE-45 型多用表和二级温度计标定热电偶及铂电极；利用钟罩式气柜标定流量计；利用高等级压力传感器标定压力表或压力传感器。

【温度的标定】

(1) 基本原理　在生产制造热电偶或热电阻的过程中，由于生产工艺的限制，很难保证生产出来的热敏元件都具有相同的特性，此外，由于某些热敏元件自身特性，如热电偶在低温时具有一定的非线性等，故在使用这些热敏元件进行精密测量时，需要对其进行标定。标定方法因实际需求的不同而异，如标定热电偶时，用数字电压表；标定热电阻时，用双臂电桥等。此外，在 100℃以上时，可采用油浴或电热炉；在 100℃以下时，采用恒温水浴。

(2) 装置和流程

① 用数字电压表标定热电偶　如图 1-19 所示，开启恒温控制器上的电源开关及搅拌开关，调节辅助加热器调节器慢慢升温至某温度下，由触点温度计和恒温控制器稳定温度。用标定过的二级标准水银温度计作为标准温度计，尽可能地靠近热电偶。热电偶的热电势用数字电压表准确读出。测定不同温度下的电势值。运用最小二乘法将数据整理成电势-温度关系式 $E_t = a + b_t + c_{t2}$ 或画出“温度-电势”关系曲线。

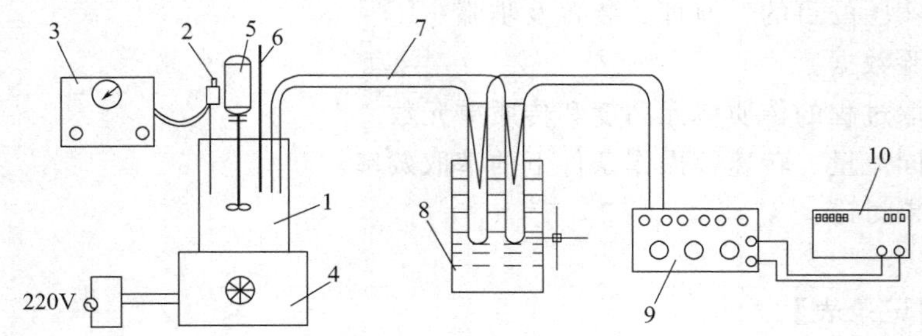

图 1-19 数字电压表标定热电偶装置

1—恒温水浴；2—触点温度计；3—恒温控制器；4—辅助加热器；5—搅拌电机；6—二级标准水银温度计；7—待标定热电偶；8—冰瓶；9—B4-65 型转换开关；10—数字电压表

由于热电偶的热惯性与标准温度计不同，每个测试点都应分别测取升温或降温时的数据，取平均值。

另外，可以用 FLUKE-45 型双显多用表取代上图 1-19 中的 B4-65 型转换开关和数字电压表。如标定 100℃以上的数据时，水浴应使用油浴或加热炉。

② 用双臂电桥标定热电阻　热电阻标定实验装置如图 1-20 所示。

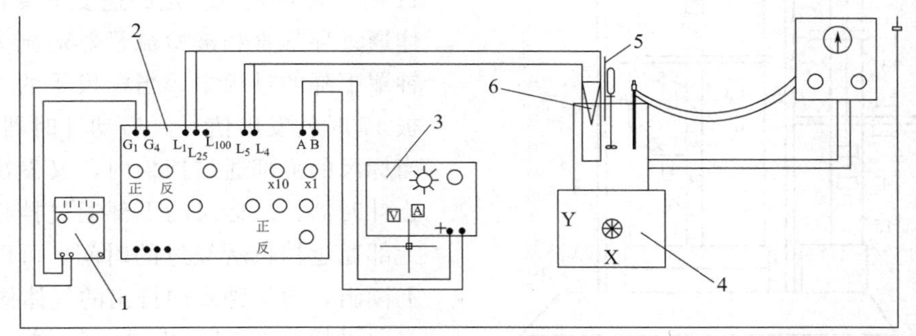

图 1-20　热电阻标定实验装置

1—AC15/6 直流辐射式检流计；2—QJ18a 型测温双臂电桥；3—WY-17B 晶体管直流稳压电源；4—恒温水浴；5—二级标准水银温度计；6—待标定热电阻

QJ18a 型测温双电桥是专门作精密测量标准铂电阻温度计的电阻用的。它的总工作电流由 WY-17B 晶体管直流稳压电源供给。检流部分由 AC15/6 直流辐射式检流计完成。待标定铂电阻和标准温度计放在恒温水浴中，应尽量靠近。

QJ18a 型测温双电桥的工作原理如图 1-21 所示。

线路有两个量程，X_1 量程时，测量连柱为 L_1、L_{25} 和 L_3、L_4、C_{25}、C_{100} 短接；X_2 量程时，测量连柱为 L_1、L_{100} 和 L_3、L_4 短接。连接铂电阻的四根引线其阻值很难完全相同，故会影响测量结果，因此，测量时可用引线交换法消除之，即接线顺序正反换向开关测取两次，取平均值。

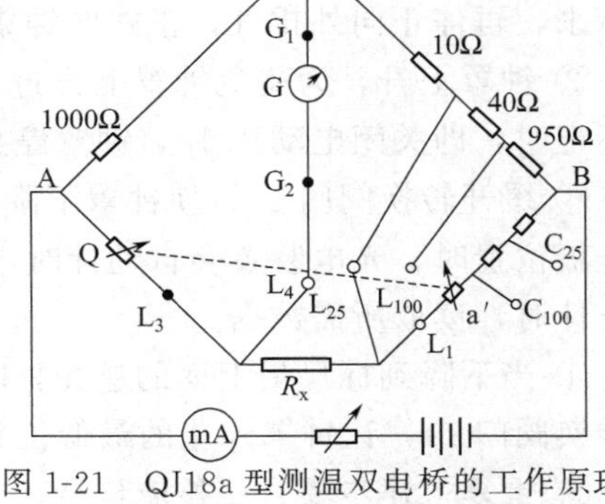

图 1-21　QJ18a 型测温双电桥的工作原理

G—检流计；R_x—待测铂电阻；(mA)—毫安表

电源部分由 WY-17B 晶体管直流稳压电源供给。标准铂电阻温度计允许通过最大电流为 2mA。如选择 1mA，依据此电流值，计算出相应的进入电桥线路的总电压为 3V。

用双臂电桥标定热电阻可以取得令人满意的结果，如 Pt100 热电阻的阻值变化约 0.4Ω 时，对应的温度变化可达 1℃，所以应该采用精度很高的的电桥来进行标定。必须指出，用该法标定电路复杂，操作烦琐。若精度要求不高时，可采用 FLUKE-45 型双显多用表直接测量热电阻的阻值。由于该仪表的精度为 $4\frac{1}{2}$ 位，可识别 0.01Ω 的阻值变化，能取得较为满意的结果。

【流量的标定】

(1) 标定装置及原理　钟罩式气柜是一种恒压式的测量气体流量的装置，其结构如图

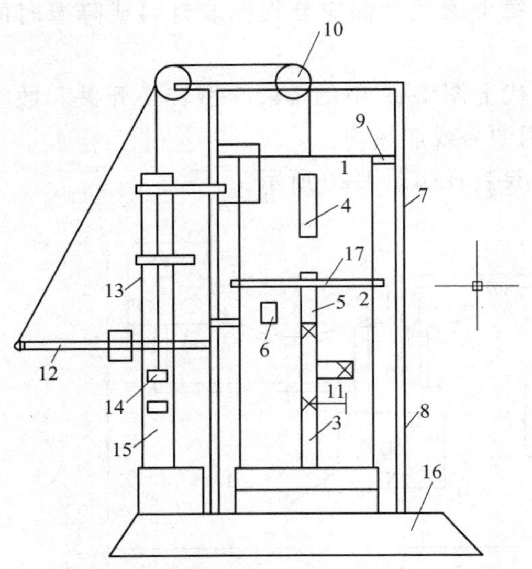

图 1-22 恒压式的测量气体流量的装置结构示意图
1—钟罩；2—水槽；3—实验管道；4—标尺；5—排气导管；6—水位计；7—导轨；8—立柱；9—外导轮；10—滑轮；11—阀门；12—补偿机构；13—动力机构的拉链；14—配重；15—电动机；16—底座；17—挡板

1-22 所示。

钟罩 1 是一个倒置的圆筒，它像浮罩一样浸入水槽 2 的水中，一根导气管使钟罩内腔与被检流量计连通。由于钟罩的自重，罩内气体压力就高于大气压力，所以打开阀门 11 时，钟罩就以一定的速度下降，内部的气体通过导气管和被检流量器流到大气中，在钟罩下降的过程中，当标尺 4 的下部通过挡板 17 时就发出信号。启动计时器开始计时，当标尺的上部通过挡板时，又发出信号，停止计时器，从标尺的下部通过挡板到标尺的上部通过挡板所经过的时间 t 可以从计时器上读出，而从钟罩内排出的气体体积 V 是预先通过检定确定下来的。这样，用 V 除以 t，就得到气体流量 Q，并以此为标准流量，校正被标定的流量计。

(2) 操作方法

① 先开动电动机，打开阀门 11，把钟罩拉起露出标尺并使气体进入钟罩，钟罩浮升。由于钟罩内形成余压，水面下降，下降过程会使水面波动，等待一段时间，让水面平稳下来，再停止向外排气，正式向钟罩进气。

② 钟罩上升，为避免钟罩上升过分而引起事故，在筒壳外有限位标记，当平衡下降到此标记时，即关闭电动机 15，钟罩停止上升。

③ 缓开转换阀门 11，使钟罩下降，调整转换阀门 11 到要求的流量，使钟罩下降到起点遮光板位置时，光电装置会自动计时，钟罩继续下降到终点遮光板位置时，光电装置会自动停止计时，读取所需数据。

④ 当下降到标尺最上面的遮光板时，要调整关小转换阀门 11，钟罩缓慢下降，然后关闭转换阀门 11，让钟罩停止的最低位置最好距离内水面有一距离，以免有水溢出。

⑤ 重复上述步骤，校核流量计。

【压力的标定】

(1) 标定装置及流程　压力标定实验装置如图 1-23 所示。

(2) 基本原理　压力传感器在长期使用后，测量准确度会发生变化。此时，应对压力传感器进行校验和标定，方法有两种。一种是将压力传感器连入标准压力装置，如活塞式压力计，然后添加上标准砝码，读出压力传感器的计数，进行比较。另一种是将压力传感器与以标定过的更高等级的压力表相并联，接入同一信号源中，比较待测的压力传感器和标准压力表的读数，做出校

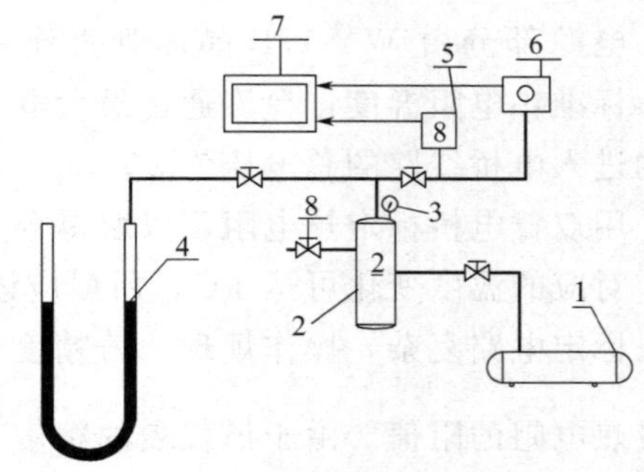

图 1-23 压力标定实验装置
1—空气压缩机；2—缓冲罐；3—压力表；4—U 形压差计；5—待标定压力传感器；6—高精度压力传感器；7—智能显示仪表；8—放气阀

正曲线，供实际测量使用。

（3）操作方法

① 打开空气压缩机，使气体进入缓冲罐，并注意观察压力表的读数，在稍超过被标定的压力传感器的量程后，关闭空气压缩机。

② 关闭进气阀，等待片刻，使缓冲罐内逐渐稳定。

③ 打开两个测量阀，读取高等级压力传感器，U 形压差计的读数和被标定的压力传感器的数值。

④ 打开防空阀，逐渐降低缓冲罐内的压力，在适当的压力下再测量一组数据。

⑤ 重复步骤③和步骤④，直到得到标定所需的数据。

实验 6 计算机数据采集与控制系统的使用

【实验目的】

掌握计算机数据采集与控制系统的使用方法；能够利用数据采集与控制系统完成实验操作；掌握利用数据采集与控制系统对实验结果进行分析的方法。

【实验原理】

利用计算机对实验数据进行采集与控制，并自动得出实验结果。利用计算机代替手动操作，可高效地完成相应的实验任务。实验数据采集与控制系统界面直观、简洁、友好，操作简便，且形象生动的操作系统可增加实验的趣味性，有利于调动学生实验的积极性，有助于学生对理论知识的理解，从而提高实验教学效果。

应用计算机数据采集与控制系统可完成以下 7 个实验的操作，包括液体流动阻力的测定、传热膜系数测定实验、吸收操作及氧解吸实验、精馏塔的操作及效率测定、离心泵特性曲线的测定、板框压滤机过滤常数测定、流化床干燥实验。这些实验涵盖了化工原实验课程的主要内容，是最具代表性的实验。下面以传热膜系数测定实验为例，介绍计算机数据采集与控制系统的使用。

【实验装置】

图 1-24 为计算机与仪表间的通信示意图。AI 为工业调节器，其可在 COMM 位置安装 S 或 S4 型 RS-485 通信接口模块，通过计算机可实现对仪表的各项操作及功能。计算机需要加一个 RS232C/RS485 转换器，无中继时最多可直接连接 64 台仪表，加 RS-485 中继器后最多可连接 100 台仪表。仪表采用 AIBUS 通信协议，8 个数据位，1 或 2 个停止位，无校验位。数据采用 16 位求和校验。AI 仪表在通信方式下可与上位计算机构成 AIFCS 系统。仪表在上位计算机、通信接口或线路发生故障时，仍能保持仪表本身的正常工作。AI 工业调节器共有 20 个接线柱，它的第 17、18 号接线柱与通信控制器的端口 1 连接，变频仪及功率表的通信端口分别与通信控制器的端口 2 与端口 3 连接，通信控制器端口 4 与计算机的串行

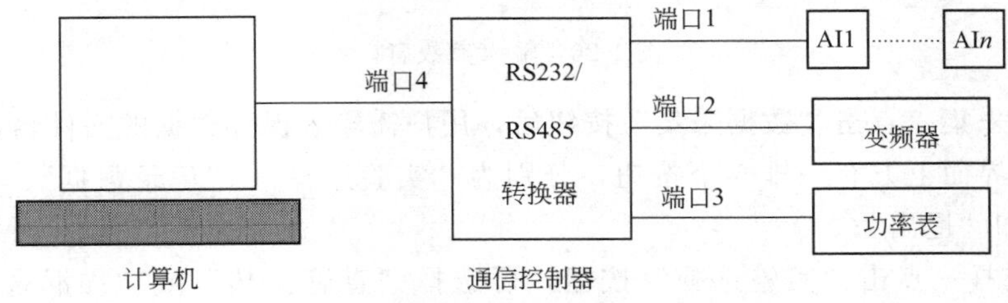

图 1-24 计算机与仪表间的通信示意图

通信口（即 COM1）连接，实现数据通信。

【实验操作】

(1) 启动程序　在计算机上安装程序软件并在桌面上建立一个“传热实验”的快捷方式。点击此快捷方式，即可运行数据采集软件。屏幕上会出现初始画面（见图 1-25）。

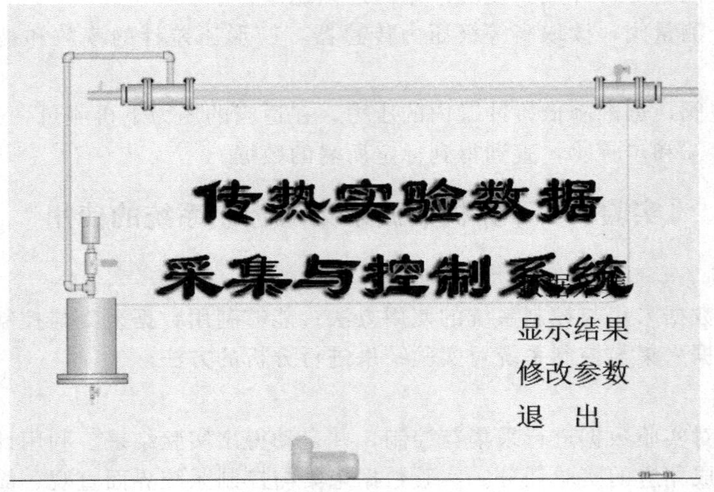

图 1-25　初始界面

若用户第一次使用此软件，会出现一窗口，要求用户输入孔板流量计的参数 C1 和 C2 以及换热器管长与管径（见图 1-26）。这些参数只需要输入一次。以后运行该软件时，若这些参数不需要修改，则不用再输入这些数据了。

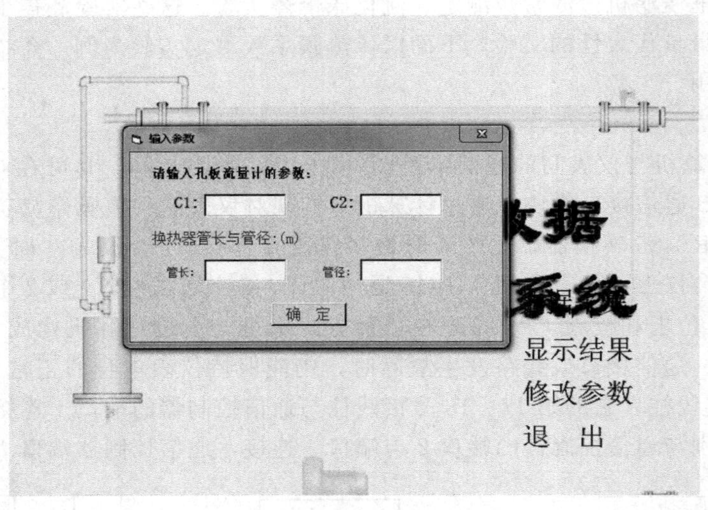

图 1-26　输入参数窗口

(2) 数据采集　点击“数据采集”按钮后，用户需输入保存数据的文件名，然后程序进入主画面，该界面上方有一排 5 个按钮，分别为“实验选择”、“记录数据”、“改变频率”、“查看数据”和“退出”。

① 实验选择　点击“实验选择”按钮，可选择“直管换热”或“加混合器”。图 1-27 的界面为“直管换热”的传热实验的流程图，其中 1 为数字显示框空气的出口温度（℃），2

为数字显示框空气的进口温度（℃），3 为数字显示框为水蒸气的进口温度（℃），4 为数字显示框为水蒸气的出口温度（℃），5 为孔板压降（kPa）。

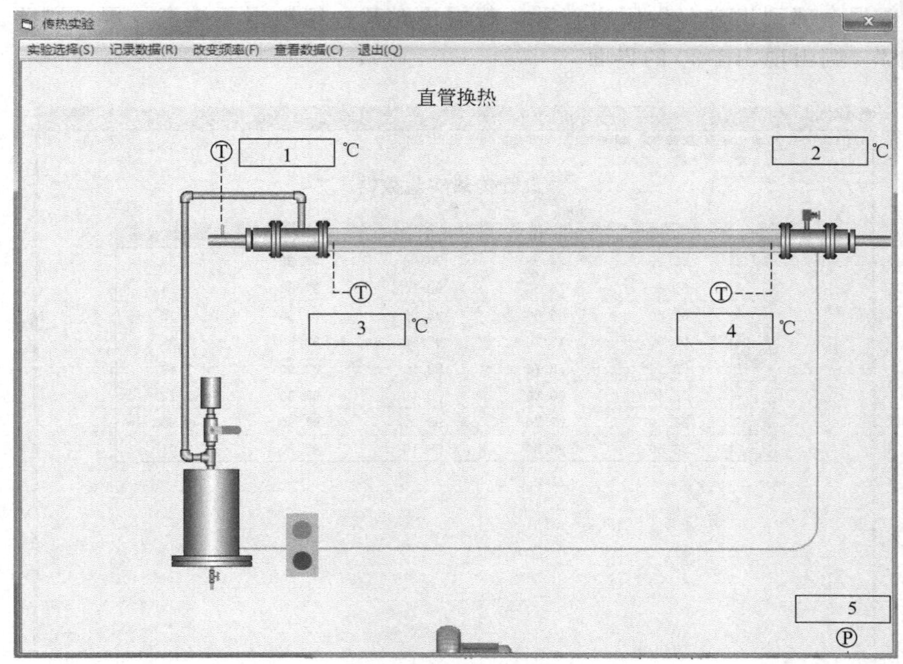

图 1-27　直管换热传热实验主界面

② 改变频率　点击“改变频率”按钮，可修改风机的频率，最大为 50Hz。

③ 记录数据　点击“记录数据”，记录实验数据，将当前最新的数据存入前面选定的数据文件中。图 1-28 的界面为记录数据界面。

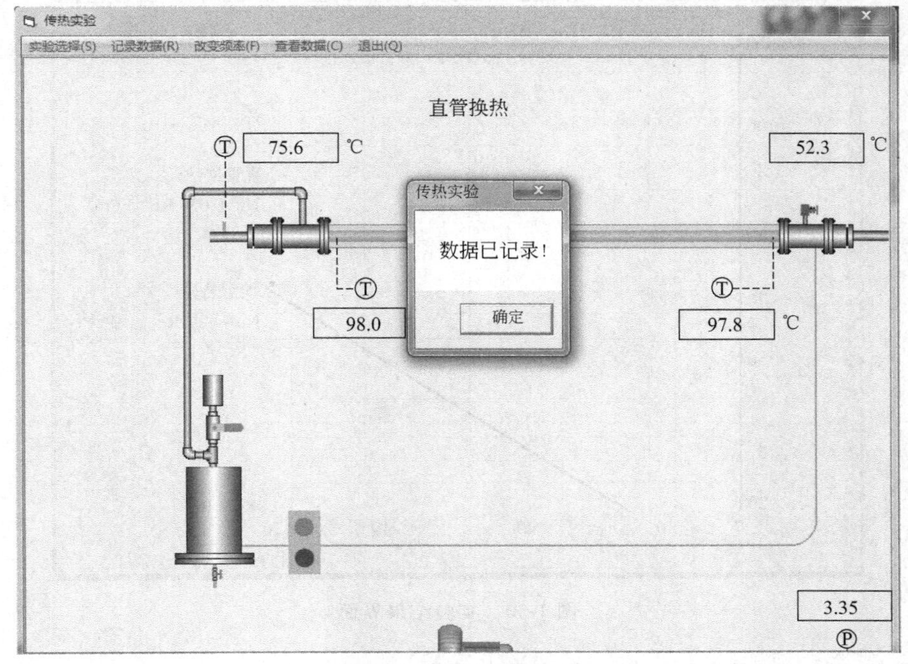

图 1-28　记录数据界面

④ 查看数据　点击“查看数据”按钮，出现一下拉菜单，分别为“实验数据”和“实验结果”。若选择“实验数据”，则出现图 1-29 的画面中出现一列表框，将前面所有记录当前实验的数据全部列出来，供用户查看。若用户对某一组数据不满意，可以删除。若选择“实验结果”，则出现图 1-30 的界面。

实验数据

打开文件(F)　删 除(C)　查看数据(V)　实验结果(S)　打印数据(P)　退 出(Q)

直管传热实验数据

	空气入口温度 ℃	空气出口温度 ℃	壁温1 ℃	壁温2 ℃	孔板压降 kPa
1	51.10	74.20	98.00	97.80	4.26
2	51.60	75.30	98.10	97.80	3.74
3	52.30	75.60	98.00	97.80	3.35
4	55.00	77.70	97.90	97.80	2.88
5	55.10	78.70	98.10	97.90	2.49
6	56.40	80.10	98.10	97.80	2.12
7	56.80	79.70	98.00	97.80	1.56
8	56.80	80.30	98.10	97.80	1.01

图 1-29　实验数据界面

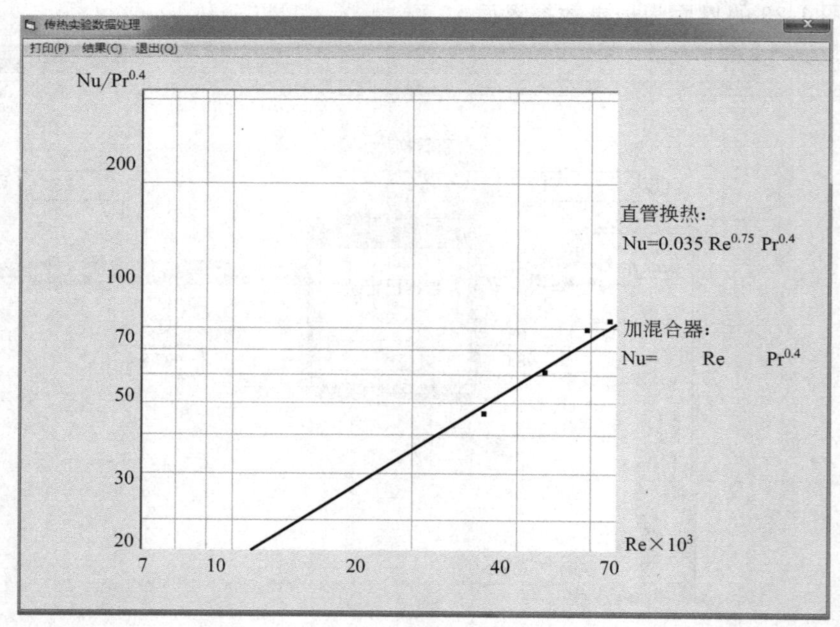

图 1-30　实验结果界面

⑤ 退出　点击“退出”按钮，程序退出采集回到主菜单。

（3）显示结果　当用户在图1-25画面中选择“显示结果”，程序会要求用户输入数据文件名，之后屏幕中出现实验数据界面。选择“打开文件”，屏幕中出现一询问框，要求用户输入要打开的数据文件名。打开某一文件后，在界面上方有一排按钮，包括“查看数据”、“实验结果”、“打印数据”等，点击这些按钮可查看实验数据与结果，并进行打印操作。

（4）修改参数　如前所述，如需修改参数可在图1-25画面中选“修改参数”进行修改。

（5）退出　当用户在初始画面中选“退出”时，即结束程序的运行。

组合项目3　课程设计

设计1　筛板式精馏塔的设计任务书

【设计项目】

筛板式精馏塔及其主要附属设备的设计。

【设计起止时间】

______年______月______日至______年______月______日。

【设计原始数据】

（1）原料液：乙醇-水溶液。

（2）原料乙醇含量：25%～50%（质量分数）。

（3）原料处理量：质量流量0.5～1.0t/h。

（4）产品要求：摩尔分率 $x_D=0.8\sim0.83$，$x_W=0.05\sim0.10$。

（5）平衡数据：气-液平衡数据。

（6）操作条件：常压精馏，塔顶全凝，泡点进料，塔底间接加热。

【设计要求及内容】

（1）设计说明书基本要求

① 封面（名称，班级，设计者姓名，指导老师，日期）。

② 目录。

③ 内容。

（2）设计说明书内容要求

① 概论

a. 本设计在生产上的意义。通过查阅文献资料，简述该设计在化工生产上的重要性及设计的好坏对生产的影响，从经济效益和社会效益两方面来论述。

b. 设计任务及要求

c. 流程、设备及操作条件的确定

流程：可以参考《酒精生产工艺学》、《化工原理》、《化工工艺设计手册》等书籍。

设备：主要应包括精馏塔、塔顶全凝器、塔底再沸器、产品冷却器、釜液冷却器和产品储槽等。其中精馏塔型的选择要求采用筛板式精馏塔，并要求从结构、操作等方面来简要说明理由（可参考有关文献）。

操作条件的确定：常压连续操作、泡点进料、塔顶全凝器（间接水冷却）、塔釜间接蒸汽加热。

② 塔的工艺计算及塔板结构参数计算

a. 物料衡算　把原始数据从质量系列换算成摩尔系列，然后进行物料衡算。

b. 最小回流比和操作回流比的选择　先计算最小回流比，然后确定适宜回流比。

c. 进料热状况的选择　通过对五种进料热状况的讨论，提出自己选择的进料热状况。

d. 理论塔板数的计算　先确定各种操作线方程、平衡线方程或平衡数据。再用逐板计算法或作图法计算理论塔板数

e. 塔径、板间距的确定　假定板间距⟶计算平均温度⟶计算平均组成⟶计算密度（ρ_L、ρ_G）⟶计算体积流量（V_G、V_L）⟶计算气体负荷参数 C_{20} 及 C ⟶计算液泛气速 u_F ⟶计算操作气速 u ⟶计算塔径 D。

f. 塔板参数计算　从《化工原理》理论教材中选择适宜参数。

g. 塔的各项参数及水力学性能的校验　计算液沫夹带分率、计算塔板压力降、计算漏液点气速、核算降液管通过能力。

h. 塔效率的估算（奥康奈尔法）与实际塔板数的确定　利用平均相对挥发度和平均黏度查总板效率，计算实际塔板数。

i. 塔高的确定　由板间距、板厚及实际塔板数确定。

j. 画出塔板负荷性能图　分别画出过量液沫夹带线、漏液线、液泛线、液体流量上限线和液体流量下限线，计算操作弹性。

k. 附属设备的选择及计算（换热器换热面积及冷却、加热剂的用量）　辅助设备包括：塔顶全凝器、塔底再沸器、产品冷却器等。

计算内容包括：设备选择、热量衡算、冷却水或加热蒸汽用量计算、换热面积计算、型号选择及校核。

③ 计算结果一览表

a. 工艺计算一览表　进料量 F、塔顶产品量 D、釜液流量 W、进料液浓度 x_F、塔顶产品浓度 x_D、釜液浓度 x_w、回流比 R、理论塔板数 N、总板效率 E、实际塔板数 N_e、加料板位置 N_1、实际精馏段塔板数 N_1、实际提馏段塔板数 N_2。

b. 塔结构设计一览表　包括板的流型、塔径 D、板间距 H_T、孔径 d_o、孔中心距 t、板厚 t_P、堰高 h_w、堰长 l_w、塔截面积 A、降液管截面积 A_d、孔总面积 A_o、塔净截面积 A_n、塔板工作面积 A_a、塔高 H、降液管截面积的长度 l_w 与宽度 W_d、降液管下沿与塔板距离 $h_w-0.013$m。

c. 主要附属设备计算一览表　热负荷 Q、加热剂（或冷却剂）用量 G、总传热系数 K、温差 Δt_m、传热面积 A、换热器型号等。

④ 设计图纸

a. 工艺流程图。

b. 塔板结构图。

⑤ 参考文献目录

⑥ 自我评价　主要谈谈通过本次设计，自己有什么收获，塔设备的发展现状，本设计的优缺点等。

设计 2　填料吸收塔的设计任务书

【设计项目】

水吸收二氧化硫填料吸收塔的设计。

【设计起止时间】

______年______月______日至______年______月______日。

【设计原始数据】

（1）处理原料：某化工厂排放的含二氧化硫的废气，其中二氧化硫的含量为 0.1（体积分数）。

（2）处理方法：采用填料塔以 20℃清水逆流吸收废气中的二氧化硫。

（3）原料处理量：含二氧化硫的废气排放量 3000m^3/h。

（4）产品要求：二氧化硫回收率 95%。

（5）操作条件：常压、等温（20℃）操作。

（6）每年生产时间：300 天，每天 24h。

（7）自选填料类型及规格。

（8）自选厂址。

【设计要求及内容】

（1）设计说明书基本要求

① 封面（名称，班级，设计者姓名，指导老师，日期）。

② 目录。

③ 内容。

（2）设计说明书内容要求

① 概论

a. 本设计在生产上的意义。

b. 设计任务及要求。

c. 流程、设备及操作条件的确定。

② 塔的工艺计算

a. 吸收塔的物料衡算。

b. 吸收塔的工艺尺寸计算　包括塔径的计算、传质单元高度的计算、传质单元数的计算、填料层高度的计算等。

c. 填料层压降的计算

d. 附属设备的计算与选型　包括液体分布器、液体再分布器、填料支撑装置、除雾沫器、气体进出口装置与排液装置等。

③ 计算结果一览表。

④ 设计图纸。

a. 工艺流程图。

b. 塔设计条件图。

⑤ 参考文献目录。

⑥ 自我评价。

设计 3　列管式换热器的设计任务书

【设计项目】

煤油冷却器的设计。

【设计时间】

______年______月______日至______年______月______日。

【设计原始数据】

(1) 处理能力：19.8×10^4 t/年煤油

(2) 设备形式：列管式换热器

(3) 操作条件：以自来水为冷却介质；允许压强降不大于10^5Pa；每年按330天计，每天24h连续运行。

具体设计原始数据见表1-16。

表 1-16 设计原始数据

介质	入口温度/℃	出口温度/℃	密度/(kg/m³)	黏度/Pa·s	比热容/[kJ/(kg·℃)]	热导率/[W/(m·℃)]
煤油	140	40	825	7.15×10^{-4}	2.22	0.14
冷却水	30	40				

【设计原理、方法和过程】

目前，我国已制定了列管式换热器的系列标准，设计中应尽可能选用系列化的标准产品。当系列产品不能满足工艺需要时，可根据生产的具体要求自行设计换热器。

(1) 列管式换热器的设计计算步骤

① 试算并初选设备规格

a. 根据流体物性及工艺要求，确定流体通入的空间。

b. 确定流体在换热器两端的温度，选择列管式换热器的形式。

c. 计算流体的定性温度，以确定流体的物性数据。

d. 根据传热任务计算热负荷。

e. 计算平均温差，并根据温度校正系数不应小于0.8的原则，决定壳程数。

f. 根据总传热系数的经验值范围或按实际生产情况，初选总传热系数$K_{选}$值。

g. 根据总传热速率方程初步计算需要的传热面积，并确定换热器的基本尺寸（如d、l、n及管子在管板上的排列方式等），或按系列标准选择设备规格。

② 核算总传热系数　分别计算流经管程和壳程中流体的对流传热系数，确定污垢热阻，再计算总传热系数$K_{计算}$，并与估算值$K_{选}$进行比较。如果两者相差较多，则应重新估算传热面积和选择合适型号的换热器，重复以上计算步骤，直至前后的总传热系数数值相近为止。

③ 计算传热面积　根据核算所得的K值与温度校正系数φ，由下式计算传热面积：

$$A=\frac{Q}{K\Delta t_{m}\varphi}$$

选用的换热器的传热面积一般应比计算值大10%～15%。

④ 计算管、壳程的压强降　计算初选设备的管、壳程流体的压强降。如超过工艺允许的范围，要调整流速，再确定管程数，或选择另一规格的换热器，重新计算压强降直至满足要求为止。

由上述步骤可以看出，换热器的设计计算实际上是一个反复试算的过程，目的是使最终选定的换热器既能满足工艺传热要求，又能使操作时流体的压强降在允许范围之内。

(2) 传热计算的主要公式　传热速率方程式为：

$$Q=KA\Delta t_{m}$$

式中　Q——传热速率（即热负荷），W；

K——总传热系数，W/(m²·℃)；

A——与 K 值对应的换热器传热面积，m²；

Δt_{m}——平均温度差，℃。

① 热负荷（传热速率）Q

a. 无相变传热

$$Q=W_{h}C_{ph}(T_{1}-T_{2})=W_{c}C_{pc}(t_{2}-t_{1})$$

式中　W——流体的质量流量，kg/s；

C_{p}——流体的平均定压比热容，J/(kg·℃)；

T——热流体的温度，℃；

t——冷流体的温度，℃；

下标 h 和 c——分别表示热流体和冷流体；

下标 1 和 2——分别表示换热器的进口和出口。

上式在换热器绝热良好、热损失可以忽略的情况下成立。

b. 相变传热　若换热器中流体有相变，例如热流体为饱和蒸汽冷凝时，则热负荷为：

$$Q=W_{h}r=W_{c}C_{pc}(t_{2}-t_{1})$$

式中　r——饱和蒸汽的冷凝潜热，J/kg。

上式是指冷凝液在饱和温度下离开换热器。若冷凝液的出口温度低于饱和温度，则热负荷计算式为：

$$Q=W_{h}[r+C_{ph}(T_{s}-T_{2})]=W_{c}C_{pc}(t_{2}-t_{1})$$

式中　T_{s}——冷凝液的饱和温度，℃。

以冷凝冷却器中饱和蒸汽的冷凝和冷却为例进行说明。饱和蒸汽先在其冷凝温度下放出潜热并液化，冷凝液开始冷却，从此液化和冷却同时进行。为简化设计，将整个过程假定为冷凝和冷却两个阶段。冷凝器中冷、热流体的温度变化可如图 1-31 所示（逆流）。实际上，冷凝和冷却过程在理论上不应截然分为两段，只为便于计算，才作两段处理，由于这两个段中的温差与传热系数是不相同的，所以必须分别计算，即分别算出各段的传热面积：

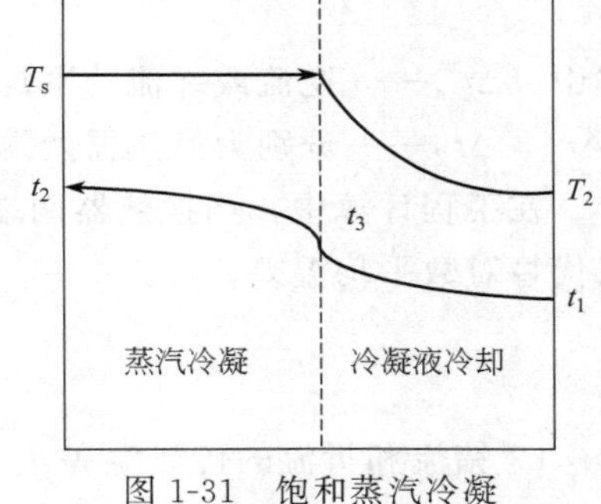

图 1-31　饱和蒸汽冷凝和冷却示意图

$$A_{ln}=\frac{Q_{ln}}{K_{ln}(\Delta t_{m})_{ln}}\qquad A_{lq}=\frac{Q_{lq}}{K_{lq}(\Delta t_{m})_{lq}}$$

式中　A_{ln}，A_{lq}——分别为冷凝段、冷却段的传热面积，m²；

Q_{ln}，Q_{lq}——分别为冷凝段、冷却段的传热速率，W；

K_{ln}，K_{lq}——分别为冷凝段、冷却段的总传热系数，W/(m²·℃)；

$(\Delta t_{m})_{ln}$，$(\Delta t_{m})_{lq}$——分别为冷凝段、冷却段的平均温度差，℃。

整个冷凝器的传热面积应为：

$$A=A_{ln}+A_{lq}$$

在计算各段的平均温差时，必须知道两段交界处的冷流体温度 t_{a}，这可以由图 1-31

求取。

因为：
$$Q_{ln}=W_h r=W_c C_{pc}(t_2-t_a)$$
$$Q_{lq}=W_h C_{ph}(T_s-T_2)=W_c C_{pc}(t_a-t_1)$$

将上述两式等号左右相比得：

$$\frac{Q_{ln}}{Q_{lq}}=\frac{t_2-t_a}{t_a-t_1}$$

由上式即可求出 t_a。

② 平均传热温差　间壁两侧流体传热温差的大小和计算方法，与换热器中两流体的温度变化情况以及两流体的相互流动方向有关。

根据换热器中两流体温度变化情况可将传热分为恒温传热和变温传热。当换热器中间壁两侧的流体均存在相变时，两流体温度可分别保持不变，这种传热称作恒温传热；若间壁传热过程中有一侧流体没有相变，或者两侧流体均无相变，其温度沿流动方向变化，传热温差也势必沿程变化。这两种情况下的传热称为变温传热。

对于恒温传热，平均传热温差为：

$$\Delta t_m=T-t$$

式中　T——热流体温度，℃；

t——冷流体温度，℃。

平均传热温差是换热器的传热推动力，该值不仅与流体的进、出口温度有关，而且还与换热器内两流体相互流动方向有关。对于列管式换热器，常见的流动形式有并流、逆流、错流和折流。

a. 逆流和并流的传热温差　逆流和并流的平均传热温差均可由换热器两端流体温度的对数平均温差表示，即：

$$\Delta t_m=\frac{\Delta t_2-\Delta t_1}{\ln\dfrac{\Delta t_2}{\Delta t_1}}$$

式中　Δt_m——逆流或并流的平均传热温差，℃；

Δt_1，Δt_2——分别为换热器两端冷、热流体的温差，℃。

在工程计算中，当换热器两端温差相差不大，即 $\Delta t_1/\Delta t_2<2$ 时，可以用算术平均温差来代替对数平均温差，即

$$\Delta t_m=\frac{\Delta t_1+\Delta t_2}{2}$$

b. 错流和折流的传热温差　为了强化传热，常采用多管程或多壳程的列管式换热器。流体经过两次或多次折流后，再流出换热器，这使换热器内流体流动型式偏离纯粹的逆流和并流，因而使平均温差的计算变为复杂。对于错流或更复杂流动的平均温差，常采用安德伍德（Underwood）和鲍曼（Bowman）提出的图解法。该法是先按逆流计算对数平均温差 $\Delta t'_m$，再乘以考虑流动型式的温差修正系数 $\varphi_{\Delta t}$，进而得到平均温差，即

$$\Delta t_m=\varphi_{\Delta t}\Delta t'_m$$

温差修正系数 $\varphi_{\Delta t}$ 与换热器内流体温度变化有关。对不同流动形式，可分别表示为两个参量 P 和 R 的函数，即

$$\varphi_{\Delta t}=f(P,R)$$

其中 $$P=\frac{t_2-t_1}{T_1-t_1};\ R=\frac{T_1-T_2}{t_2-t_1}$$

温差修正系数 $\varphi_{\Delta t}$ 可根据 P 和 R 两因数的值由图 1-32 查取。

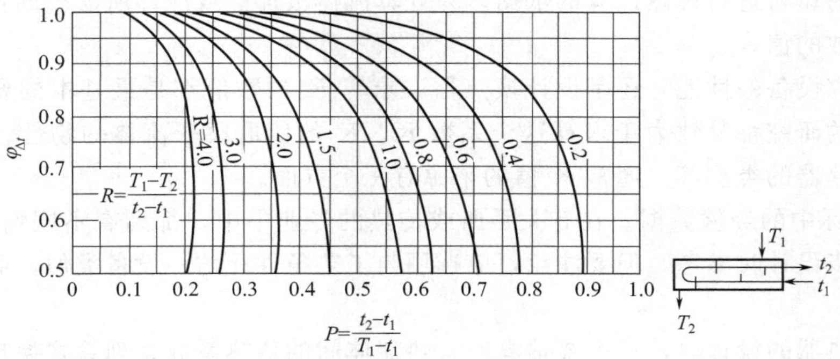

(a) 单壳程，两管程或两管程以上

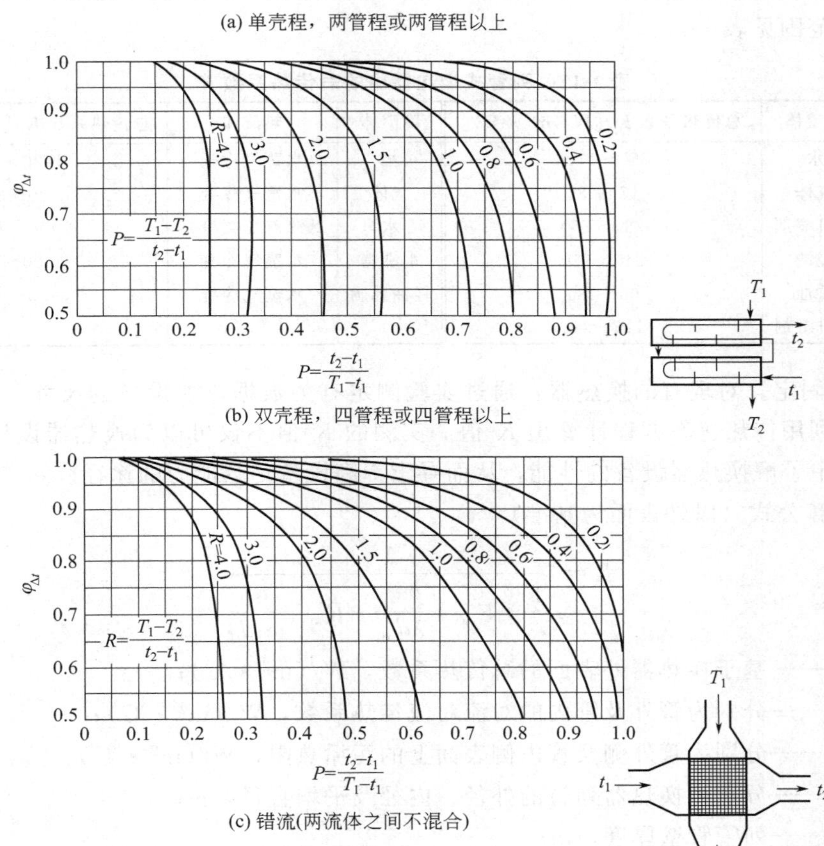

(b) 双壳程，四管程或四管程以上

(c) 错流(两流体之间不混合)

图 1-32 温差修正系数 $\varphi_{\Delta t}$ 查询图

对于 1-2 型（单壳程，双管程）换热器。$\varphi_{\Delta t}$ 还可以用于下式计算：

$$\varphi_{\Delta t}=\frac{\sqrt{R^2+1}}{R-1}\ln\left(\frac{1-P}{1-PR}\right)/\ln\left(\frac{2/P-1-R+\sqrt{R^2+1}}{2/P-1-R-\sqrt{R^2+1}}\right)$$

对于 1-2n 型（如 1-4，1-6，...）的换热器，也可近似使用上式计算 $\varphi_{\Delta t}$。

因在相同的流体进、出口温度下，逆流时传热温差较大，故在工程上若无特殊要求，均采用逆流。

③ 总传热系数　总传热系数 K（简称传热系数）是衡量换热设备性能好坏的极为重要的参数，也是对设备进行传热计算的依据。为计算流体被加热或冷却所需要的传热面积，必须知道传热系数的值。

不论是研究设备的性能，还是设计换热器，求算 K 的数值都是最基本的要求，所以大部分有关传热的研究都是致力于求算这个系数 K。K 的值取决于流体的物性、传热过程的操作条件及换热器的类型等。通常 K 值的来源有三个方面。

a. 生产实际中的经验数据。在有关手册或传热的专业书中，都列有不同情况下 K 的经验值，可供初步设计时参考。但要注意，应选用与工艺条件相仿、设备类似，而且较为成熟的经验 K 值。

在进行换热器的设计时，首先要估算冷、热流体间的传热系数。列管式换热器中的总传热系数大致范围见表 1-17。

表 1-17　列管式换热器中的总传热系数 K

冷流体	热流体	总传热系数 K/[W/(m²·℃)]	冷流体	热流体	总传热系数 K/[W/(m²·℃)]
水	水	850～1700	水	水蒸气冷凝	1420～4250
水	气体	17～280	气体	水蒸气冷凝	30～300
水	有机溶剂	280～850	水	低沸点烃类冷凝	450～1140
水	轻油	340～910	水沸腾	水蒸气冷凝	2000～4250
水	重油	60～280	轻油沸腾	水蒸气冷凝	450～1020
有机溶剂	有机溶剂	115～340			

b. 实验测定。对现有的换热器，通过实验测定有关数据，如设备的尺寸、流体流量和温度等，再利用传热速率方程计算出 K 值。实测的 K 值不仅可以为换热器设计提供依据，而且可以从中了解换热器设备的性能，从而寻求提高设备传热能力的途径。

K 值计算公式（以外表面为基准）：

$$K=\frac{1}{\frac{1}{\alpha_0}+R_{so}+\frac{bd_0}{\lambda d_m}+R_{si}+\frac{d_0}{\alpha_i d_i}}$$

式中　K——基于换热器外表面的总传热系数，W/(m²·℃)；

α_0，α_i——分别为管外及管内的对流对流传热系数，W/(m²·℃)；

R_{so}，R_{si}——分别为管外侧及管内侧表面上的污垢热阻，W/(m²·℃)；

d_0，d_i，d_m——分别为换热器列管的外径、内径及平均直径，m；

b——列管管壁厚度，m；

λ——列管管壁的热导率，W/(m²·℃)。

同理，若以内表面为基准，则总传热系数的计算公式为：

$$K=\frac{1}{\frac{1}{\alpha_i}+R_{si}+\frac{bd_i}{\lambda d_m}+R_{so}+\frac{d_i}{d_0}+\frac{d_i}{\alpha_0 d_0}}$$

c. 分析计算。实际上，常将计算得到的 K 值与前两种途径得到的 K 值进行对比，以确定合适的 K 值。

④ 污垢热阻　换热器运行一段时间后，壁面往往会积一层污垢，污垢层对传热产生附加的热阻，该热阻称为污垢热阻。对于传热过程，污垢热阻一般不容忽视。污垢热阻的大小与流体的性质、流速、温度、设备结构以及运行时间等因素有关。对于一定的流体，增大流速，可降低污垢在加热面上沉积的可能性，从而减小污垢热阻。由于很难测定污垢层的厚度及其热导率，因此通常只能根据污垢热阻的经验值作为参考来计算传热系数。表1-18～表1-20列出了某些流体的污垢热阻的经验值。

表1-18　冷却水的壁面污垢热阻　　单位：W/(m²·℃)

热流体的温度/℃ 项目		＞115		115～205	
水的温度/℃		＞25		＞25	
水的流速/(m/s)		＜1	＞1	＜1	＞1
类型	海水	0.8×10^{-4}	0.86×10^{-4}	1.72×10^{-4}	1.72×10^{-4}
	自来水、井水、湖水	1.72×10^{-4}	1.72×10^{-4}	3.44×10^{-4}	3.44×10^{-4}
	蒸馏水	0.86×10^{-4}	0.86×10^{-4}	0.86×10^{-4}	0.86×10^{-4}
	硬水	5.16×10^{-4}	0.86×10^{-4}	0.86×10^{-4}	0.86×10^{-4}
	河水	5.16×10^{-4}	3.44×10^{-4}	6.88×10^{-4}	5.16×10^{-4}
	软化锅炉水	1.72×10^{-4}	1.72×10^{-4}	3.44×10^{-4}	3.44×10^{-4}

表1-19　工业用气的壁面污垢的热阻

气体名称	污垢热阻/[W/(m²·℃)]	气体名称	污垢热阻/[W/(m²·℃)]
有机化合物	0.86×10^{-4}	溶剂蒸气	1.72×10^{-4}
水蒸气	0.86×10^{-4}	天然气	1.72×10^{-4}
空气	3.44×10^{-4}	焦炉气	1.72×10^{-4}

表1-20　工业用液体的壁面污垢的热阻

液体名称	污垢热阻/[W/(m²·℃)]	气体名称	污垢热阻/[W/(m²·℃)]
有机化合物	1.72×10^{-4}	石脑油	1.72×10^{-4}
盐水	1.72×10^{-4}	煤油	1.72×10^{-4}
熔盐	0.86×10^{-4}	柴油	$3.44\times10^{-4}\sim5.16\times10^{-4}$
植物油	5.16×10^{-4}	重油	8.6×10^{-4}
原油	$3.44\times10^{-4}\sim12.1\times10^{-4}$	沥青油	1.72×10^{-4}
汽油	1.72×10^{-4}		

污垢热阻往往对换热器的操作有很大影响，需要采取必要措施防止污垢的积累。因此，在换热器过程中，要根据具体情况，注意定期清洗或采取其他措施，以降低污垢热阻。

⑤ 对流传热系数　不同流动状态下的对流传热系数 α 的关联式不同，具体可参考有关书籍的介绍。现将设计列管式换热器中常用到的 α 的无量纲特征数关联式介绍如下。

a. 无相变流体在圆形直管中作强制湍流时的对流传热系数 α

ⅰ. 对于低黏度流体

$$Nu=0.023Re^{0.8}Pr^{n}$$

式中 Nu——努塞尔数；

Re——雷诺数，$Re=\frac{d_i u\rho}{\mu}$；

Pr——普朗特数，$Pr=\frac{C_p\mu}{\lambda}$。

或

$$\alpha=0.023\frac{\lambda}{d_i}\left(\frac{d_i u\rho}{\mu}\right)^{0.8}\left(\frac{C_p\mu}{\lambda}\right)^n$$

式中 n——当流体被加热时，$n=0.4$；当流体被冷却时，$n=0.3$；

ρ——流体的密度，kg/m^3；

μ——流体的黏度，Pa·s；

λ——流体的热导率，W/(m·℃)；

C_p——流体的平均定压比热容，J/(kg·℃)；

u——管内流速，m/s；

d_i——列管直径，m。

上述公式的应用范围：$Re>10000$，$Pr=0.7\sim160$，管长与管径之比 $l/d_i>60$。若 $l/d_i<0$，可将上式算出的 α 乘以 $[1+(l/d_i)^{0.7}]$。

特征尺寸：管内径 d_i。

定性温度：取流体进、出口温度的算术平均值。

ⅱ. 对于高黏度流体（μ 大于 2 倍常温水的黏度）：

$$Nu=0.023Re^{0.8}Pr^{0.33}\left(\frac{\mu}{\mu_w}\right)^{0.14}$$

式中，$(\mu/\mu_w)^{0.14}$ 是考虑热流方向的校正系数，可以用 φ_μ 表示。μ_w 是指壁面温度下流体的黏度，因壁温未知，计算 μ_w 需用试差法，故 φ_μ 可取近似值。液体被加热时，取 $\varphi_\mu=1.05$，

液体被冷却时，取 $\varphi_\mu=0.95$。气体无论加热或冷却均取 $\varphi_\mu=1.0$。

应用范围：$Re>10000$，$Pr=0.7\sim160$，管长与管径之比 $l/d_i>60$。

特征尺寸：管内径 d_i。

定性温度：除 μ_w 按壁温取值外，均取流体进、出口温度的算术平均值。

b. 无相变流体在管外作强制对流时的对流传热系数 若列管式换热器内装有圆缺形挡板时，对流传热系数可以用下式计算：

$$Nu=0.35Re_{0.55}Pr^{1/3}\varphi_\mu^{0.14}$$

或

$$\alpha=0.36\frac{\lambda}{d_e}\left(\frac{d_e u\rho}{\mu}\right)^{0.55}\left(\frac{C_p\mu}{\lambda}\right)^{1/3}\left(\frac{\mu}{\mu_w}\right)^{0.14}$$

应用范围：$Re>20000\sim1000000$。

特征尺寸；管内传热当量直径 d_e。

定性温度：除 μ_w 按壁温取值外，均取流体进、出口温度的算术平均值。

当量直径 d_e 可根据管子排列方式采用不同式子进行计算，图 1-33 所示为管间当量直径推导的示意图。

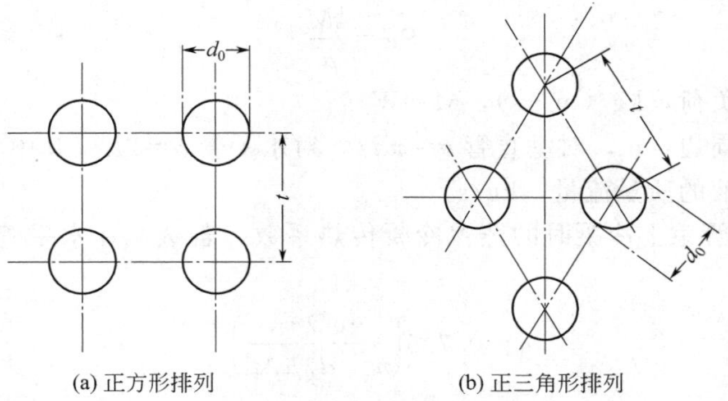

图 1-33 管间当量直径推导示意图

管子成正方形排列时：

$$d_e=\frac{4\times\left(t^2-\frac{\pi}{4}d_0^2\right)}{\pi d_0}$$

管子成三角形排列时：

$$d_e=\frac{4\times\left(\frac{\sqrt{3}}{2}t^2-\frac{\pi}{4}d_0^2\right)}{\pi d_0}$$

式中 t——相邻两管中心距，m；

d_0——管外径，m。

管外的流速可以根据流体流过管间最大截面积 A 来计算：

$$A=hD\left(1-\frac{d_0}{t}\right)$$

式中 h——两挡板间的距离，m；

D——换热器的外壳直径，m。

若换热器的管间无挡板，管外流体沿管束平行流动时，则 α 值仍可用管内强制对流的公式计算，但需将 K 值计算公式中的管内径 d_i 改为管间的当量直径 d_e。

c. 蒸汽在垂直管外冷凝时的冷凝传热系数 当冷凝膜呈层流流动时，α 可采用下式计算：

$$\alpha=1.13\left(\frac{g\rho^2\lambda^3 r}{\mu L\Delta t}\right)^{1/4}$$

式中 L——垂直管的高度，m；

λ——冷凝液的热导率，W/(m·℃)；

ρ——冷凝液的密度，kg/m^3；

μ——冷凝液的黏度，Pa·s；

r——饱和蒸汽的冷凝潜热，kJ/kg；

Δt——蒸汽的饱和温度与壁温之差 $\Delta t=t_s-t_w$，℃。

定性温度：蒸汽冷凝潜热取其饱和温度下的值，其余物性取液膜平均温度 $t_m=\frac{1}{2}(t_w+t_s)$ 下的值。

膜层流型的 Re 可表示为：

$$Re=\frac{4M}{\mu}$$

式中　M——冷凝负荷，kg/(m·s)，$M=W/b$；

b——润湿周边，m，对垂直管 $b=\pi d_0$，对水平管 $b=2L$（其中 L 为管长，m）；

W——冷凝液的质量流量，kg/s。

d. 蒸汽在水平管束上冷凝时的蒸汽冷凝传热系数　若蒸汽在水平管束上冷凝，可用下式计算传热系数：

$$\alpha=0.725\left(\frac{g\rho^2\lambda^3 r}{n_c^{2/3}d_0\mu\Delta t}\right)^{1/4}$$

式中　n_c——水平管束在垂直列上的管束，当管子按正三角形排列时，$n_c=1.1\sqrt{n}$，当管子按正方形排列时，$n_c=1.19\sqrt{n}$（其中，n 为换热器的总管数）。

（3）流体通过换热器的阻力损失（即压强降）的计算　列管式换热管的设计必须满足工艺上提出的压降要求。常用列管式换热器允许的压强降范围见表 1-21。

表 1-21　常见列管式换热器允许的压强降范围

换热器的操作压强/Pa	允许的压强降
$p<10^5$	$\Delta p=0.1p$
$p=0\sim10^5$	$\Delta p=0.5p$
$p>10^5$	$\Delta p<5\times10^4$

一般说来，液体流经换热器的压强降为 $10^4\sim10^5$Pa，气体为 $10^3\sim10^4$Pa 左右。流体流经列管式换热器时，因流动阻力所引起的压强降可按管程和壳程分别计算。

① 管程阻力损失　多程换热器的管程的总阻力损失 $\sum\Delta p_i$ 为各程直管阻力损失 Δp_1、回弯阻力 Δp_2 及进出口阻力损失之和。相比之下，进出口阻力损失一般可以忽略不计。因此，管程总阻力损失的计算公式为：

$$\sum\Delta p_i=(\Delta p_1+\Delta p_2)F_t N_s N_p$$

式中　F_t——结垢校正系数，无量纲，对于 ϕ25mm×2.5mm 的管子 $F_t=1.4$，对于 ϕ19mm×2mm 的管子 $F_t=1.5$；

N_p——管程数；

N_s——串联的管程数。

上式中的直管阻力损失 Δp_1 可按下式计算：

$$\Delta p_1=\lambda\frac{L}{d_i}\times\frac{\rho u_i^2}{2}$$

式中　λ——摩擦系数；

ρ——管内流体密度，kg/m³；

u_i——管内流体速度，m/s；

d_i——管直径，m。

上式中的回弯阻力 Δp_2 可以用下面的经验式估算：

$$\Delta p_2=3\times\frac{\rho u_i^2}{2}$$

② 壳程阻力损失　用来计算壳程阻力损失的公式很多，由于壳程流动情况复杂，用不同公式计算的结果往往很不一致。目前常用的是埃索法，该方法将壳程阻力损失看成是由流

体横向通过管束的阻力损失 $\Delta p'_1$ 与流体通过折流挡板缺口处的折流损失 $\Delta p'_2$ 两部分组成。其总阻力 $\sum\Delta p_0$ 的计算公式为：

$$\sum\Delta p_0=(\Delta p'_1+\Delta p'_2)F_sN_s$$

$$\Delta p'_1=Ff_0n_c(N_B+1)\frac{\rho u_0^2}{2}$$

$$\Delta p'_2=N_B\left(3.5-\frac{2h}{D}\right)\frac{\rho u_0^2}{2}$$

式中 F_s——壳程结垢校正系数，对液体可取 $F_s=1.15$，对气体或蒸汽可取 $F_s=1.0$；

F——管子排列方式对压强降的校正系数，正三角形排列 $F=0.5$，正方形斜转45℃，$F=0.4$，正方形直列 $F=0.3$；

f_0——壳程流体摩擦系数，当 $Re>500$ 时，$f=5.0Re^{-0.228}$，其中 $Re=\frac{u_0d_0\rho}{\mu}$；

n_c——水平管束在垂直列上的管数，当管子按正三角形排列时，有 $n_c=1.1\sqrt{n}$，当管子按正方形排列时，有 $n_c=1.19\sqrt{n}$（其中，n 为换热器的总管数）；

N_B——折流挡板数；

h——折流挡板间距，m；

u_0——按壳程最大流动截面积 $S_0=h(D-n_cd_0)$ 计算的流速，m/s。

【设计要求及内容】

(1) 设计说明书基本要求

① 封面（名称，班级，设计者姓名，指导老师，日期）。

② 目录。

③ 内容。

(2) 设计说明书内容要求

① 概论

a. 本设计在生产上的意义。

b. 设计任务及要求。

c. 工艺流程的确定。

② 工艺计算及主体设备设计　包括工艺参数的选定、物料衡算、热量衡算、设备的工艺尺寸及结构设计。

③ 辅助设备的计算及选型。

④ 计算结果一览表。

⑤ 设计图纸。

a. 工艺流程简图。

b. 主体设备工艺条件图。

⑥ 参考文献目录。

⑦ 自我评价。

设计4　干燥器的设计任务书

【设计项目】

干燥器的设计。

【设计起止时间】

______年______月______日至______年______月______日。

【设计原始数据】

(1) 生产能力：按进料量计 2000kg/h。

(2) 物料参数：颗粒密度 1730kg/m^3；堆积密度 800kg/m^3；干物料比热容 1.47kJ/(kg·℃)；颗粒平均直径 0.14mm；物料含水率（干基）$x_1=25\%$，$x_2=0.5\%$，临界含水量 0.013（干基）。

(3) 干燥介质：湿空气，其初始湿度、温度根据建厂地区的气候条件来选定；离开预热器的温度为 100℃。

(4) 物料进口温度：30℃。

(5) 热源：饱和蒸汽，压力自选。

(6) 操作压力：常压。

【设计要求及内容】

(1) 设计说明书基本要求

① 封面（名称，班级，设计者姓名，指导老师，日期）。

② 目录。

③ 内容。

(2) 设计说明书内容要求

① 概论

a. 本设计在生产上的意义。

b. 设计任务及要求。

c. 流程、设备及操作条件的确定。

② 干燥器的工艺计算　包括物料衡算、热量衡算、气流干燥管直径的计算；气流干燥管长度的计算等。

③ 辅助设备的选型及核算　包括鼓风机、加热器、进料器、分离器、除尘器等设备的选型及核算。

④ 计算结果一览表

⑤ 设计图纸

a. 工艺流程图。

b. 干燥器三视图。

⑥ 参考文献目录

⑦ 自我评价

设计 5　化工管路设计与计算任务书

【设计项目】

化工管路设计与计算。

【设计起止时间】

______年______月______日至______年______月______日。

【设计原始数据】

(1) 管路输送介质：苯酚。

（2）管路输送参数：苯酚存放于 $500m^3$ 的储罐中，经泵输送至反应釜中。储罐至反应釜的水平距离为 80m，垂直距离为 30m，输送的流量用流量计计量，要求在 30min 内输送苯酚 5t。

【设计要求及内容】

（1）设计说明书基本要求

① 封面（名称，班级，设计者姓名，指导老师，日期）。

② 目录。

③ 内容。

（2）设计说明书内容要求

① 概论

a. 本设计在生产上的意义。

b. 设计任务及要求。

c. 工艺流程的确定。

② 管路设计与计算　包括管路材质、阀门类型的选择，管径大小、泵的选型、伴温参数的计算，管道等级、管道柔性等的计算，管道施工条件的确定。绘制管道布置图，并编制管道施工说明书。

③ 计算结果一览表。

④ 设计图纸（管道布置图）。

⑤ 参考文献目录。

⑥ 自我评价。

参　考　文　献

[1]　杨祖荣．化工原理实验［M］．北京：化学工业出版社，2014.

[2]　杨祖荣，刘丽英，刘伟．化工原理［M］．北京：化学工业出版社，2014.

[3]　史贤林，张秋香，周文勇，潘正官．化工原理实验［M］．第 2 版．上海：华东理工大学出版社，2015.

[4]　张金利，张建伟，郭翠梨，胡瑞杰．化工原理实验［M］．天津：天津大学出版社，2005.

[5]　刘鹏，王宝珍，曹明澈．流体流动阻力实验装置改造［J］．实验室科学，2005，（5）：122-123.

[6]　王丽华，徐庆锋．流体流动阻力实验的改进与提高［J］．实验室科学，2010，13（4）：57-59.

[7]　陈敏恒，丛德滋，方图南，齐鸣斋，潘鹤林．化工原理（上册）［M］．第 4 版．北京：化学工业出版社，2015.

[8]　王雅琼，许文林．化工原理实验［M］．北京：化学工业出版社，2005.

[9]　王国胜．化工原理［M］．大连：大连理工大学出版社，2010.

[10]　刘应书，魏广飞，张辉，李虎，李小康．填料吸收塔内乙醇胺溶液吸收 CO_2 增强因子［J］．化工学报，2014，（8）：3054-3061.

[11]　王晓红，田文德．化工原理（上册）［M］．北京：化学工业出版社，2011.

[12]　王志魁，刘丽英，刘伟．化工原理［M］．第 4 版．北京：化学工业出版社，2010.

[13]　杜长海．化工原理实验［M］．武汉：华中科技大学出版社，2010.

[14]　莫贤娣．影响精馏操作的主要因素及精馏节能技术浅析［J］．化学工程与装备，2011，（1）：71-72.

[15]　周艳欣．吸附精馏法回收二氧化碳工艺［D］．天津大学，2004.

[16]　姜元涛．筛板精馏塔传质性能的研究［D］．华东理工大学，2011.

[17]　陈敏恒，丛德滋，方图南，齐鸣斋，潘鹤林．化工原理（下册）［M］．第 4 版．北京：化学工业出版社，2015.

[18]　谭天恩，窦梅．化工原理（上册）［M］．第 4 版．北京：化学工业出版社，2013.

[19]　夏清，贾绍义．化工原理（上册）［M］．第 2 版．天津：天津大学出版社，2012.

[20]　赵红晓．雷诺虚拟演示实验的开发与应用［J］．实验室科学，2016，19（2）：87-89.

[21] 谭天恩，窦梅．化工原理（下册）[M]. 第4版．北京：化学工业出版社，2013.
[22] 管国锋，赵汝溥．化工原理 [M]. 第4版．北京：化学工业出版社，2015.
[23] 钟秦，陈迁乔，王娟，曲虹霞，马卫华．化工原理 [M]. 第3版．北京：国防工业出版社，2013.
[24] 王秀勇．离心泵流动特征的数值分析 [D]. 浙江大学航空航天学院，2007.
[25] 谈明高．离心泵能量性能预测的研究 [D]. 江苏大学，2008.
[26] 杨晓珍．不同转速对离心泵性能影响的试验研究 [D]. 湖南农业大学，2004.
[27] 姚玉英，黄凤廉，陈常贵，柴诚敬．化工原理（上册）[M]. 第2版．天津：天津大学出版社，2011.
[28] 蒋维钧，戴猷元，顾惠君．化工原理（上册）[M]. 第3版．北京：清华大学出版社，2009.
[29] 夏清，贾绍义．化工原理（下册）[M]. 第2版．天津：天津大学出版社，2012.
[30] 王晓红，田文德．化工原理（下册）[M]. 北京：化学工业出版社，2012.
[31] 丁忠伟，刘丽英，刘伟．化工原理（上册）[M]. 北京：高等教育出版社，2014.
[32] 余风强．真空带式连续干燥设备干燥特性研究 [D]. 东北大学，2005.
[33] 于品华，常志东，金声超．液-液萃取及新型液-液-液三相萃取机理研究进展 [J]. 化工进展，2009，28（9）：1507-1512.
[34] 蒋维钧，雷良恒，刘茂林，戴猷元，余立新．化工原理（下册）[M]. 第3版．北京：清华大学出版社，2010.
[35] 伍钦，邹华生，高桂田．化工原理实验 [M]. 第3版．广州：华南理工大学出版社，2014.
[36] 陆美娟，张浩勤．化工原理（上册）[M]. 第3版．北京：化学工业出版社，2012.
[37] 董宏光，王刚，樊希山．化工原理组合实验系统研制与应用——化工原理试验模式理念 [J]. 实验技术与管理，2002，19（3）：27-29.
[38] 尚小琴，陈胜洲，邹汉波．化工原理实验 [M]. 北京：化学工业出版社，2011.
[39] 柴诚敬，王军，张缨．化工原理课程设计 [M]. 天津：天津大学出版社，2012.
[40] 王卫东，庄志军．化工原理课程设计 [M]. 北京：化学工业出版社，2015.
[41] 柴诚敬，贾绍义．化工原理课程设计 [M]. 北京：高等教育出版社，2015.
[42] 王国胜．化工原理课程设计 [M]. 大连：大连理工大学出版社，2013.
[43] 贾绍义，柴诚敬．化工单元操作课程设计 [M]. 天津：天津大学出版社，2011.
[44] 吴晓艺，王静文，司秀丽．计算机辅助计算在化工原理课程设计中的应用 [J]. 计算机与应用化学，2009，26（5）：657-660.
[45] 刘永杰．高效导向筛板在聚醋酸乙烯脱单体精馏塔中的应用研究 [D]. 湘潭大学，2006.
[46] 吴俊．化工原理课程设计 [M]. 上海：华东理工大学出版社，2011.
[47] 王月平．湿法烟气脱硫系统吸收塔的优化设计研究 [D]. 华北电力大学（保定），2010.
[48] 李雪．大型 CO_2 吸收塔气体分布器结构优化及专用填料研究 [D]. 天津大学，2012.
[49] 肖钦平．一种新型卧式加热干燥设备的研究 [J]. 矿冶工程，2011，31（4）：21-24.
[50] 申迎华，郝晓刚．化工原理课程设计 [M]. 北京：化学工业出版社，2009.
[51] 王永红．列管式换热器强化传热研究及发展 [J]. 低温与超导，2012，（5）：53-57.
[52] 张敏．列管式换热器壳程的减阻与增效 [J]. 装备制造技术，2009，（1）：47-48.
[53] 孙琪娟．化工原理课程设计 [M]. 北京：中国纺织出版社，2014.
[54] 张德元．浅谈干燥设备系统的节能减排 [J]. 化工机械，2009，36（3）：195-199.
[55] 万风岭，谢苏江，周昭军．干燥设备的现状及发展趋势 [J]. 化工装备技术，2006，27（1）：10-12.
[56] 刘林．计算机辅助化工管路的模型设计 [D]. 华南理工大学，1989.
[57] 李同川．化工原理实践指导 [M]. 北京：国防工业出版社，2008.

模块2 化工热力学实验

2.1 概 述

2.1.1 化工热力学实验的课程性质、地位及作用

化工热力学是化学工程与工艺专业的必修课程，是化学工程核心课程之一。化工热力学实验是化工热力学的重要组成部分。它是继分析化学实验、物理化学实验和化工原理实验之后的一门专业实验课程，是化学基础理论与工程应用之间的桥梁和纽带。

化工热力学实验是任何一个从事化工工作学生必须完成的训练项目之一。开设该实验的目的及作用如下。

① 通过实验活动，将化工热力学抽象的概念和理论具体化，培养学生进行实验研究与实验开发的能力，包括实验方案的制定和实验设计（包括流程、设备、试验方法及数据采集等）。

② 通过实验活动，使学生了解化工热力学实验的基本特点，并能够初步运用各种实验研究的手段和方法。例如采用模型模拟实验进行创造性的研究等。

③ 掌握化工热力学实验中常用仪器、设备、测试技术及基本的实验研究技巧。

④ 加强计算机的应用、数据处理、文字叙述、口头表达等能力的训练。

⑤ 培养学生严谨求实的科学态度。

2.1.2 主要实验内容、开设对象及主要仪器

化工热力学实验主要面向化学工程专业三年级的本科生开设。

化工热力学实验是一门培养学生实践技能的专业基础课。实验内容包括二元系统气液平衡数据的测定、气相色谱法测定无限稀释活度系数、氨-水系统气液相平衡数据的测定、混合工质热力学性质计算、甲醇-水体系的泡点计算、液化石油气露点计算的程序设计、环己烷-乙醇恒压气液平衡相图绘制等。实验类型有验证型、综合型和程序设计型。根据化工热力学课程的教学大纲并结合生产和科学技术的发展，选择开设 3～4 个有代表性的实验项目，使学生加深对热力学基础数据的测定方法及理论的理解，掌握模型的正确选型与验证；训练运用 Matlab 程序、C-Free 语言或 FORTRAN 语言编写简单的热力学计算程序等。此外，进一步了解气相色谱法、折射率等在热力学数据测定中的作用。

主要实验仪器包括气液相平衡数据测定装置（加压型）2套，改进的Ellis气液两相双循环型蒸馏器2套，气相色谱仪1台，全自动折射仪1台，安装有C-Free、Matlab或FORTRAN或ThermalCal软件程序的计算机若干。

2.2 实验部分

实验1 二元系统气液平衡数据的测定

在化工生产中有许多的气液平衡过程，诸如蒸馏、吸收、冷凝、液化、闪蒸等。在这些过程中，经常需要准确的气液平衡数据，以便确定该气液平衡过程所需要的最佳工艺条件和设备，这对节能降耗和控制成本等至关重要。尽管某些系统在特定温度和压力的平衡数据可以在工艺或设计手册中查到，但这些数据并不一定能够适用于所有情况。随着新产品、新工艺的不断开发，尚有部分物系的平衡数据还尚未可知，需要采用实验方法研究与测定，以便满足工程计算的需要。除此之外，在溶液理论研究中提出了各种模型，以便描述溶液内部分子间的相互作用。准确的平衡数据也是对这些模型的可靠性进行检验的重要依据。

【实验目的】

(1) 了解和掌握用双循环气液平衡器测定二元气液平衡数据的方法。

(2) 了解缔合系统气液平衡数据的关联方法，从实验测得的 T-P-X-Y 数据计算各组分的活度系数。

(3) 学会二元气液平衡相图的绘制。

【实验原理】

以循环法测定气液平衡数据的平衡器类型很多，但基本原理一致。如图2-1所示，当体系达到平衡时，a、b容器中的组成不随时间而变化，这时从a和b两容器中取样分析，可得到一组气液平衡实验数据。

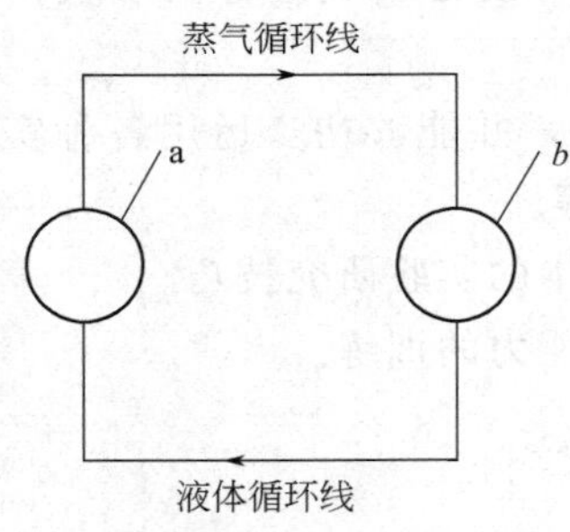

图2-1 循环法测定气液平衡数据的基本原理示意图

【预习与思考】

(1) 为什么即使在常压、低压下，醋酸蒸气也不能当作理想气体看待？

(2) 本实验中气液两相达到平衡的判据是什么？

(3) 设计用0.1mol/L NaOH标准溶液测定气液相组成的分析步骤，推导平衡组成计算式。

(4) 如何计算醋酸-水二元物系的活度系数？

(5) 为什么要对平衡温度作压力校正？

(6) 本实验装置如何防止气液平衡釜闪蒸、精馏现象发生？如何防止暴沸现象发生？

【实验装置】

本实验采用改进的Ellis气液两相双循环型蒸馏装置，其结构如图2-2所示。

改进型Ellis蒸馏装置可以比较准确地测定气液平衡数据，操作更加简便，但仅适用于液相和气相冷凝液都是均相的系统。温度测量需要用分度为0.1℃的水银温度计。

在平衡釜加热部分的下方，有一个磁力搅拌器，电加热时用以搅拌液体。在平衡釜蛇管与气相温度计插入部分之间设有上下两部分电热丝保温（立式装置还配有不锈钢外壳在玻璃

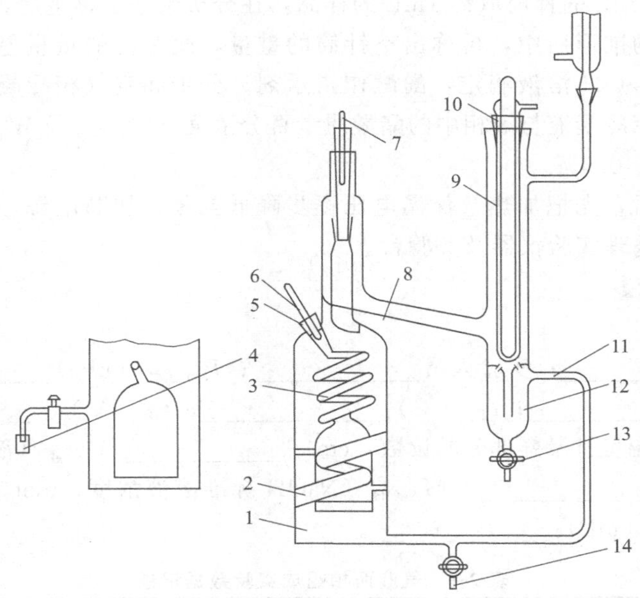

图 2-2 改进的 Ellis 气液两相双循环型蒸馏器

1—蒸馏釜；2—加热夹套内插电热丝；3—蛇管；4—液体取样口；5—进料口；6—测定平衡温度的温度计；7—测定气相温度的温度计；8—蒸气导管；9,10—冷凝器；11—气体冷凝液回路；12—凝液储器；13—气相凝液取样口；14—放料口

釜外部加以保护）。另外，加热电压及上下两组电热丝保温的加热电压采用一个电子控制装置加以调节。用化学滴定法分析测试气液相组成。每一实验小组配有 2 个取样瓶、2 个 1mL 的针筒及配套的针头、1 个碱式滴定管及 1 架分析天平。实验室中有大气压力测定仪。

【实验步骤及方法】

（1）加料 从加料口加入配制好的醋酸-水二元溶液（为便于实验，醋酸溶液的浓度应大于 60%，最好在 80%以上），加料液量以沸腾时湍动液体刚好碰到液相温度计水银球部分为宜（即加液至内插加热电热丝盘管上方 5cm 以上，否则，会烧裂平衡釜中的盘管，烧断电热丝）。接通冷却水。

（2）加热 接通加热电源，调节加热电压约在 150～200V 之间，开启磁力搅拌器，调节合适的搅拌速度。缓慢升温加热至釜液沸腾时，分别接通上、下保温电源，其电压调节在 10～15V。对于立式装置，调节加热智能仪表，使电热丝微微发红即可。

（3）温控 溶液沸腾，出现气相冷凝液直到冷凝回流。起初，平衡温度计读数不断变化，调节加热电压，使冷凝液滴落速度控制在每分钟 60 滴左右。调节上下保温的热量，最终使平衡温度逐渐趋于稳定，气相温度控制在比平衡温度高 0.5～1℃。保温的目的在于防止气相部分冷凝（对于立式装置，当釜中物料开始沸腾时，控制 2 个保温智能仪表，使气相温度略高于液相温度）。

（4）平衡的判断 ①平衡温度计读数恒定；②气相冷凝液循环 15 min 以上。

（5）取样 从平衡釜取样以前，先记录平衡温度及气相温度读数，记录平衡温度计暴露部分的读数（mm），读取大气压力计的压力。然后分别从平衡釜气、液 2 个取样口各放料约 5mL 于干净的取样瓶中。

(6) 分析　用1mL的针筒取约1mL的样品，在分析天平上称重后，注入至预先已加入约10mL去离子水的锥形瓶中，再称出空针筒的重量，此2次的重量差为样品的重量。用0.1mol/L的标准NaOH溶液滴定，酚酞作指示剂。分步滴定气相冷凝液与液相各2个样品。分别计算出气相冷凝液与液相中的醋酸质量百分浓度（$W_{HAc气}$及$W_{HAc液}$），要求2个平行样的相对误差小于0.5%。

(7) 实验结束后，先把加热及保温电压逐步降低至零，切断电源，待釜内温度降至室温，关闭冷却水，整理实验仪器及实验台。

【原始数据记录】

见表2-1。

日期：____________；实验人员____________；$P_{气压计}$（kPa）____________；

$t_{室}$（℃）：____________；$t_{汽}$（℃）：____________；$t_{液}$（℃）：____________；

$n_{汽}$（气相平衡温度计暴露部分的读数，cm）：____________；$n_{液}$（液相平衡温度计暴露部分的读数，cm）：____________；M_{NaOH}（NaOH标准溶液浓度，mol/L）：____________；醋酸-水溶液加入量（mL）：____________。

表2-1　气液两相组成实验数据记录

样品	取样前重/g	取样后重/g	取样量/g	$V_{初}$/mL	$V_{末}$/mL	耗碱 ΔV/mL	$W_{HAc气}$或$W_{HAc液}$
液样1							
液样2							
气样1							
气样2							

【数据处理】

(1) 醋酸浓度的计算

$$w_{醋酸}=\frac{MV}{G\times1000}\times60.05\times100\%$$

式中　M——NaOH的浓度，mol/L；

V——滴定耗去的NaOH的体积，mL；

G——分析样品的质量，g；

60.05——醋酸的分子量。

(2) 大气压校正

$$p_0=p\times0.9987767\times\left[1-\frac{0.0001634t}{1+0.0001818t}\right]$$

式中　p_0——温度0℃、纬度45°、海平面处的校正压力数值，kPa；

p——气压计的读数，kPa；

t——气压计的温度，℃。

(3) 平衡温度校正　测定实际温度与读数温度的校正：

$$t_{实际}=t_{观}+0.00016n(t_{观}-t_{室})$$

式中　$t_{观}$——温度计指示值；

$t_{室}$——室温；

n——露颈，即温度计暴露出部分的读数，cm。

沸点校正：

$$t_{实际}=\frac{1}{2}(t_{实气}+t_{实液})$$

$$t_p=t_{实际}+0.000125(t+273)(760-p_s)$$

式中 t_p——换算到标准大气压（0.1MPa）下的沸点，℃；

p_s——实验时的大气压力，$p_s=p_0\times\frac{1000}{133}$，mmHg。

（4）气、液两相平衡数据关联　将 t_p、$W_{HAc气}$、$W_{HAc液}$ 输入计算机或计算公式（计算过程参照附录C），计算出表中相应参数。结果列入表2-2。

表2-2　气、液两相平衡数据关联结果

p_A^0	n_B^0	$n_{A_1}^0$	η_{A_1}	η_{A_2}	η_B	γ_A	γ_B

（5）t-$x(y)$ 相图绘制　将附录D中给出的醋酸-水二元物系的气液平衡数据绘制成光滑的曲线［或 $t\sim x(y)$ 相图］，并将本次实验数据的分析结果标示在相图上。

【结果与讨论】

（1）计算实验数据的误差，分析误差的来源。

（2）为何液相中HAC的浓度大于气相?

（3）若改变实验压力，气液平衡相图将作如何变化，试用简图表明。

（4）用本实验装置，设计作出本系统气液平衡相图操作步骤。

【主要符号说明】

n——组分的摩尔数；

x——液相摩尔分数；

p——压力；

y——气相摩尔分数；

p^0——饱和蒸汽压；

γ——活度系数；

t——摄氏温度；

η——气相中组分的真正摩尔分数。

下标 A_1、A_2——混合物系平衡汽相中单分子和双分子醋酸。

下标 A、B——分别表示醋酸与水。

实验2　氨-水系统气液相平衡数据的测定

【实验目的】

气液相平衡数据是工艺过程计算与气液吸收设备计算的基础数据。本实验学习用静力法测定氨-水系统气液平衡数据的方法，以巩固理论知识和掌握相平衡数据测定的基本技能。

【实验原理】

气体在液体中的溶解度是气液系统相平衡数据之一。它在吸收、气提等单元操作中是很重要的基础数据。然而，这类数据与其他气液平衡数据相比要短缺得多，尤其是25℃以上的溶解度数据甚少，至于有关的关联式和计算方法更是缺乏。

当气液两相达平衡时，气相和液相中 i 组分的逸度必定相等。

$$\hat{f}_i^{V}=\hat{f}_i^{L} \tag{2-1}$$

气相中 i 组分逸度为

$$\hat{f}_i^{V}=py_i\hat{\varphi}_i^{V} \tag{2-2}$$

式中　$\hat{f}_i^{V}$、$\hat{f}_i^{L}$——分别为气相和液相中 i 组分的逸度，MPa；

y_i、$\hat{\varphi}_i^{V}$——分别为气相中 i 组分的摩尔分率和逸度系数（无因次）；

p——系统压力，MPa。

当气体溶解度较小时，液相中组成的逸度采用 Henry 定律计算

$$\hat{f}_i^{L}=H_{i,\text{solvent}}x_i \tag{2-3}$$

式中　x_i——液相中 i 组分的摩尔分率；

$H_{i,\text{solvent}}$——亨利系数，MPa。

如气体在液体中具有中等程度的溶解度时，则应引入液相活度系数 γ^* 的概念，即

$$\hat{f}_i^{L}=H_{i,\text{solvent}}x_i\gamma_i^* \tag{2-4}$$

式中　γ_i^*——对亨利定律的偏差或称为活度系数，其极限条件为 $x_i\rightarrow0$ 时，$\gamma_i^*\rightarrow1$。

由式(2-2)～式(2-4) 可得气液平衡基本关系式：

$$y_i=\frac{H_{i,\text{solvent}}}{\hat{\varphi}_i^{V}p}x_i \tag{2-5}$$

或

$$y_i=\frac{H_{i,\text{solvent}}}{\hat{\varphi}_i^{V}p}x_i\gamma_i^* \tag{2-6}$$

当气相为理想溶液时，$\hat{\varphi}_i^{V}=\varphi_i$，若气相为理想气体的混合物，$\hat{\varphi}_i^{V}=1$，此时气相分压 p_i 如下所示。

$$p_i=py_i=H_{i,\text{solvent}}x_i \tag{2-7}$$

式(2-7) 是在低压下使用很广泛的气液相平衡关系式。

亨利定律也常用体积摩尔浓度表示。

$$\hat{f}_i^{V}=E_ic_i \tag{2-8}$$

式中　c_i——气体在溶液中的溶解度，$kmol/m^3$；

E_i——气体在溶液中的溶解度系数，$m^3/(kmol\cdot MPa)$。

在低压下，同样可应用下式

$$p_i=E_ic_i \tag{2-9}$$

亨利定律只适用于物理溶解气液体系。如果溶质在溶剂中发生离解、缔合及化学反应时，必须把亨利定律和液相反应进行关联。温度、压力以及化学反应对气体溶解度的影响可以从它们与亨利系数 $H_{i,\text{solvent}}$、溶解度系数 E_i 的关系进行推算。详细内容可参阅有关书刊。

根据相律，$F=C-\pi+2$，即自由度＝独立组分数－相数＋条件数。二组分系统气液平衡时，自由度为 2，即在温度 T、压力 P、液相组成 x_1，x_2 及气相组成 y_1，y_2 共 6 个变数中，指定任意 2 个，则其余 4 个变数都将确定。对于一定的系统，其挥发组分的平衡分压与总压、平衡温度及溶液组成有关。在较低压力下，总压的影响可以忽略。故在实验中，为使气相组成测定准确，必须使温度和液相组成保持稳定。

测定溶液挥发组分平衡分压的方法有静态法、流动法和循环法。

静态法是在密闭容器中，使气液两相在一定温度下充分接触，经一定时间后达到平衡，

用减压抽取法迅速取出气、液两相试样，经分析后得出平衡分压与液相组成的关系。此法流程简单，只需一个密闭容器即可。

流动法是将已知量的惰性气体，以适当的速度通过一定温度已知浓度的试样溶液，使气液两相充分接触而达成平衡。测定气相中被惰性气体带出的挥发组分，即可求得平衡分压与液相组成的关系。此法易于建立平衡，可在较短时间里完成实验，气相取样量较多，且取样时系统温度、压力能保持稳定，准确程度高，但流程较复杂，设备装置也多。

循环法是在平衡装置外有一个可使气体或液体循环的装置，因而有气体循环，液体循环以及气液双循环的装置。循环法搅拌情况比较好，容易达到平衡，但循环泵的制作要求很高，要保证不泄漏。

本实验采用静态法，在一定温度、加压条件下测定氨-水系统的气相平衡分压，以获取液相组成和平衡分压的关系。

【实验装置】

实验装置如图 2-3 所示。

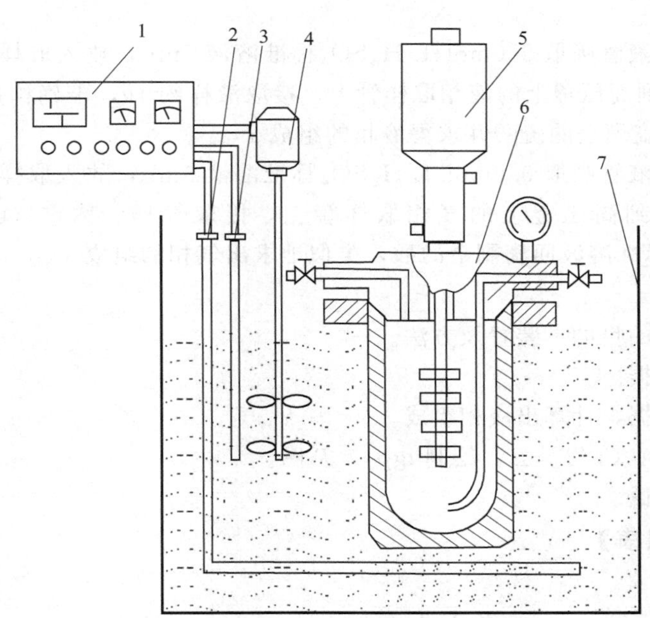

图 2-3 气液相平衡数据测定装置

1—控制器；2—加热器；3—测温元件；4—搅拌器；5—电磁搅拌器；6—高压釜；7—恒温槽

本实验是在加压条件下测定气液平衡时氨的分压，故高压釜是测定气液相平衡数据的主要装置。为加快高压釜内气液相的接触和缩短平衡时间，可以采用不同的操作方式来实现，如电磁搅拌式、振荡式、机械旋转式、摇摆式以及气相或液相循环式等。本实验采用电磁搅拌式高压釜，尽管达到平衡的时间较长，但结构简单，操作简便，是常用的相平衡测定装置。

电磁搅拌式高压釜配备有电磁搅拌器及其控制仪，电加热及其温度控制装置，加料装置及气液相样品测定装置。

【实验操作】

① 把高压釜安装好。清洗干净后，进行气密性检查。

② 先从高压釜液相管中吸入一定量的水至釜内，然后用真空泵从气相管将釜中空气抽空，再用小钢瓶准确地从液相管中加入液氨，其液氨加入量由两次称量相减得到。即配制成一定浓度的氨水。

③ 将气相、液相取样管装好，高压釜放入恒温槽内，开动电磁搅拌器。

④ 分别测定在30℃、40℃、50℃左右温度下的平衡压力，并分析50℃平衡条件下液相和气相的组成。

【分析】

（1）仪器及试剂

① 5mL 移液管 2 支。

② 2.0mol/L 及 0.6mol/L H_2SO_4标准溶液，0.3mol/L NaOH 标准溶液。

③ 取样瓶 4 只。

④ 电子天平（称重 200g，感量 0.1mg） 1 台。

⑤ 50mL 酸式、碱式滴定管各 1 支。

（2）分析方法

① 液相：用移液管吸取 2.0mol/L H_2SO_4标准溶液 5mL，放入取样瓶中并加数滴甲基橙指示剂，然后接到高压釜上的液相取样管上，接取液样约 1g，准确称重。采用 0.3mol/L NaOH 标准溶液回滴剩余的硫酸并求得液相的组成 x_{NH_3}。

② 气相：用移液管吸取 0.6mol/L H_2SO_4标准溶液 5mL，放入取样瓶中并加数滴甲基橙指示剂，然后接到高压釜上的气相取样管上，接取气样、称重（0.2～0.5g）。采用 0.3mol/L NaOH 标准溶液回滴剩余的酸，类似地求出气相的组成 y_{NH_3}。

【实验报告】

① 说明本实验的目的，装置及方法。

② 记录实验数据。

③ 根据分析数据，计算出液相组成。

④ 根据 $\lg p = A \times 1/T + B$，绘制 $\lg p$-$1/T$ 图。

⑤ 实验结果讨论。

【原始数据记录表】

见表 2-3 及表 2-4。

日期__________ 实验人员__________

室温（℃）________ 大气压（MPa）________

水加入量________ 氨加入量__________

表 2-3 平衡温度与平衡压力的记录

编号	平衡温度/℃	平衡压力/MPa
1		
2		
3		
4		
5		
6		

表 2-4 取样分析记录及结果

样 品	取样前重/g	取样后重/g	取样量/g	消耗酸/mL	消耗碱/mL	x_{NH_3}(y_{NH_3})
液相样(1)						
液相样(2)						
气相样(1)						
气相样(2)						

【讨论题】

① 测定气液平衡数据的方法有哪几种，分别说明它们的实验原理和基本装置、适用范围。

② 怎样进行设备的气密性检查?

③ 加速系统达到平衡，常采用哪些方法?

④ 如何判断实验系统达到平衡?

⑤ 取样时，为什么先取液相样，后取气相样?

实验3 气相色谱法测定无限稀释活度系数

用经典方法测定气液平衡数据需消耗较多人力、物力及时间。如果有无限稀释活度系数，则可确定活度系数关联式中的常数，进而可推算出全组成范围内的活度系数，由此就可以运用气液平衡关系推算出其他相关的平衡数据。无限稀释溶液活度系数的测定通常采用气相色谱法，其样品用量少，测定速度快，而且将一般色谱仪稍加改装即可使用。这一方法不仅能测定易挥发溶质在难挥发溶剂中的无限稀释活度系数，而且已扩展到测定挥发性溶剂中的无限稀释活度系数。

【实验目的】

① 用气相色谱法测定苯和环己烷在邻苯二甲酸二壬酯中的无限稀释活度系数。

② 通过实验掌握测定原理和操作方法。

【实验原理】

(1) 活度系数计算公式 液相活度系数可以用 Wilson 方程来计算，对于二元体系：

$$\ln\gamma_1=-\ln(x_1+\Lambda_{12}x_2)+x_2\left(\frac{\Lambda_{12}}{x_1+\Lambda_{12}x_2}-\frac{\Lambda_{21}}{x_2+\Lambda_{21}x_1}\right) \tag{2-10}$$

$$\ln\gamma_2=-\ln(x_2+\Lambda_{21}x_1)+x_1\left(\frac{\Lambda_{21}}{x_2+\Lambda_{21}x_1}-\frac{\Lambda_{12}}{x_1+\Lambda_{12}x_2}\right) \tag{2-11}$$

对于无限稀释溶液，则有

$$\ln\gamma_1^{\infty}=-\ln\Lambda_{12}+(1-\Lambda_{21}) \tag{2-12}$$

$$\ln\gamma_2^{\infty}=-\ln\Lambda_{21}+(1-\Lambda_{12}) \tag{2-13}$$

式中 $\ln\gamma_1^{\infty}$——组分1的无限稀释活度系数；

$\ln\gamma_2^{\infty}$——组分2的无限稀释活度系数。

通过实验测得了 $\ln\gamma_1^{\infty}$、$\ln\gamma_2^{\infty}$，便可求得配偶参数 Λ_{12}、Λ_{21}。

(2) 平衡方程 LittleWood 认为，在气相色谱中，载体对溶质的作用不计，固定液与溶质之间有气液溶解平衡关系。

把气体（载气和少量溶质）看成是理想气体，又由于溶质的量很少（只有4～5μL），可以认为吸附平衡时，被吸附的溶质 i 分子处于固定液的包围之中，所以有：

$$p_i = p_i^s r_i^\infty x_i = p_i^s r_i^\infty \frac{n_L}{N_L} \tag{2-14}$$

式中　p_i——溶质 i 在气相中的分压；

p_i^s——溶质 i 在柱温 T 时的饱和蒸气压；数值可由Antoine方程计算得出

$$\ln p_i^s = A - \frac{B}{C+T}$$

A、B、C——Antoine方程常数；

r_i^∞——溶质 i 在固定液中二元无限稀释溶液的活度系数；

n_L——溶质 i 分配在液相中的物质的量；

N_L——固定液（本实验采用邻苯二甲酸二壬酯）的物质的量。

(3) 分配系数 K、分配比 k

$$K = \frac{C_L}{C_G} \tag{2-15}$$

式中　C_L——溶质在固定液中的浓度；

C_G——溶质在在气中的浓度。

若固定液和载气的体积分别用 V_L、V_G 表示，则分配系数变为：

$$K = \frac{n_L/V_L}{n_G/V_G} \tag{2-16}$$

式中　n_L——分配在固定液中溶质的物质的量；

n_G——分配在载气中溶质的物质的量。

分配比 k 是溶质在两相中的质量比，可用下式表达：

$$k = \frac{W_L}{W_G} = \frac{n_L}{n_G} \tag{2-17}$$

式中　W_L、W_G——溶质在液相和气相中的质量。

由式(2-16)、式(2-17)可知，　$k = K\frac{V_L}{V_G} = \frac{K}{\beta}$　(2-18)

其中 β 为相比率，　$\beta = \frac{V_G}{V_L}$　(2-19)

(4) 保留时间　溶质在色谱柱中的停留总时间为保留时间 t_R，载气流过色谱柱的时间为死时间 t_M，溶质在固定液中真正的停留时间为调整保留时间 t'_R，显然 $t'_R = t_R - t_M$

(5) 保留时间与分配比 k 的关系

分配比 $k = \frac{W_L}{W_G} = \frac{t'_R}{t_M} = \frac{K}{\beta}$　(2-20)

所以　$t_R = t_M + t'_R = t_M + k t_M$

$$t_R = t_M(1+k) = t_M\left(1+\frac{K}{\beta}\right) = t_M\left(1+K\frac{V_L}{V_G}\right) \tag{2-21}$$

从汽化室到检测室之间的全部气路的空间体积为死体积 V_M

$$V_M = V_G + V_I + V_D$$

式中 V_G——色谱柱内气相空间体积；

V_I——汽化室内气相空间体积；

V_D——检测室内气相空间体积。

通常认为：$V_M \approx V_G$。

死时间可以由实验直接测定，根据柱温和柱内平均压力下载气流速 $\overline{F}_C$，可以计算出死体积 V_M。

(6) 载气的流速 载气的流速用皂沫流量计测定，在检测器出口测得室温 T_0 和大气压 p_0 下的载气流速 F_0，其中含有室温下的饱和水蒸气，扣除水蒸气，得到大气压力下载气流速 F：

$$F=\frac{p_0-p_W}{p_0} \tag{2-22}$$

利用下式将 F 换算成柱温 T_C 及出口压力 p_0 下的载气校正流速 F_C：

$$F_C=F\frac{T_C}{T_0}=F_0\frac{p_0-p_W}{p_0}\frac{T_C}{T_0} \tag{2-23}$$

色谱柱内的平均压力 $\overline{p}_C$ 可用柱前压 p_i、柱后压 p_0 按照下式来计算：

$$\overline{p}_C=\frac{2}{3}\left[\frac{\left(\frac{p_i}{p_0}\right)^3-1}{\left(\frac{p_i}{p_0}\right)^2-1}\right]p_0=\frac{1}{j}p_0 \tag{2-24}$$

色谱柱内的平均压力 $\overline{p}_C$ 下的载气流速 $\overline{F}_C$ 与校正流速 F_C（常压）之间的关系为 $\overline{F}_C=jF_C$。

(7) 保留体积

保留体积：$V_R=t_RF_C$

调整保留体积：$V'_C=t'_RF_C$

净保留体积：$V_N=jV'_R$ （柱子压力下）

所以
$$\begin{aligned}V_N&=jt'_RF_C=jF_C(t_R-t_M)=\overline{F}_C(t_R-t_M)\\&=\overline{F}_C[t_Mk]=\overline{F}_Ct_MK\frac{V_L}{V_G}\\&=V_MK\frac{V_L}{V_G}=KV_L=\frac{n_LV_G}{n_GV_L}V_L=\frac{n_LV_G}{n_G}\end{aligned} \tag{2-25}$$

(8) 推导结论

由式(2-14) 得

$$\begin{cases}r_i^{\infty}=\frac{p_i}{p_i^s}\frac{N_L}{n_L}=\frac{N_Lp_i}{p_i^sn_L}=\frac{N_Ln_GRT_C}{p_i^s}\frac{1}{V_G}\frac{1}{n_L}=\frac{N_L}{p_i^s}RT_C\frac{n_G}{V_Gn_L}=\frac{W_L}{M_L}\frac{RT_C}{p_i^s}\frac{1}{V_N} & (2\text{-}26)\\ V_N=j\cdot t'_RF_C=j\cdot t'_RF_C=t'_R\overline{F}_C & (2\text{-}27)\\ \overline{F}_C=\frac{3}{2}\left[\frac{\left(\frac{p_i}{p_0}\right)^2-1}{\left(\frac{p_i}{p_0}\right)^3-1}\right]\frac{p_0-p_W}{p_0}\frac{T_C}{T_0}F_0 & (2\text{-}28)\end{cases}$$

式中 W_L——固定液的质量，g；

M_L——固定液的摩尔质量，g；

R——气体常数，8.314J/(mol·K)；

T_C——柱温，K；

p_i^s——溶质 i 在柱温 T 时的饱和蒸气压，Pa；

V_N——净保留体积，m^3；

t'_R——调整保留时间，s；

$\overline{F}_C$——平均压力 $\overline{p}_C$ 下的载气流速，m^3/s；

T_0——室温，K；

p_0——柱后压，Pa；

p_i——柱前压，Pa；

p_W——水蒸气压，Pa。

【实验流程】

本实验流程如图 2-4 所示。

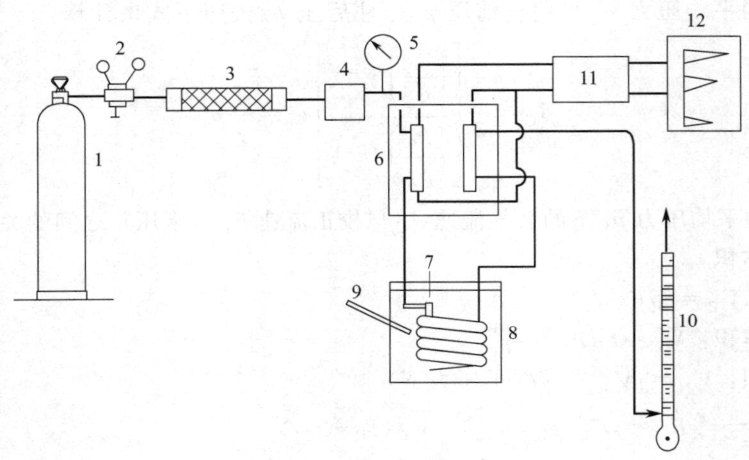

图 2-4　色谱法测无限稀释溶液活度系数实验流程图

1—氢气钢瓶；2—减压阀；3—净化干燥器；4—稳压阀；5—标准压力表；6—热导池；7—汽化器；8—恒温箱；9—温度计；10—皂沫流量计；11—电桥；12—记录仪

【实验步骤】

(1) 色谱柱的准备　准确称取一定量的邻苯二甲酸二壬酯（固定液）于蒸发皿中，加入适量丙酮溶解固定液。称取一定量的白色担体（以固定液与担体质量之比为 15：100 计）。将固定液均匀地涂布在担体上并干燥。将涂布好的固定相装入色谱柱中，并准确计算装入柱内固定相的质量。

(2) 开启色谱仪　色谱条件为：载气氢气流量为 30～60mL/min，柱温 70～100℃，汽化室温度 120℃，热导池桥流 100mA，用标准压力表测量柱前压。

(3) 待色谱仪基线稳定后，用 10μL 注射器准确吸取苯 0.2μL，再吸入 5μL 空气，然后进样。测定空气峰的保留时间与苯峰的保留时间之间差 t'_R。再分别称取 0.4μL、0.6μL、0.8μL 苯，重复上述实验。每种进样至少重复三次，取平均值。

(4) 用环己烷作溶质，重复第 3 项操作。

【实验数据记录】

实验数据记录按表 2-5 进行。

实验条件数据如下：

日期：__________；室温 T_0：__________℃；大气压 p_0：__________ kPa；

色谱条件：进样器温度__________℃；热导池温度__________℃；柱温__________℃；

固定液名称：邻苯二甲酸二壬酯；质量：__________ g；分子量：390.56。

室温下水的饱和蒸气压 p_W：__________ kPa。

表 2-5　保留时间与实验数据记录

样量 V /μL	项目	柱温/℃	大气压力 p_0/mmHg	柱前压 p_i/mmHg	载气流速 F_0 /(mL/min)	保留时间/min			备注	
						空气	苯	环己烷	t'_R	$\overline{t'}_R$
0.2	1	80								
	2	80								
0.4	1	80								
	2	80								
0.6	1	80								
	2	80								
0.8	1	80								
	2	80								

注：1mmHg＝133.322Pa。

【实验数据处理】

分别以苯和环己烷的进样量为横坐标，以调整保留时间为纵坐标，绘制调整保留时间与进样量之间的关系曲线，用作图法分别求出苯和环己烷进样量趋近于零时的调整保留时间。根据此调整保留时间以及其他温度、压力参数，分别代入式(2-26)～式(2-28)，计算出苯和环己烷在邻苯二甲酸二壬酯中的无限稀释活度系数，记录于表 2-6 中，并与文献值比较。

表 2-6　无限稀释活度系数

序号	溶质	分子式	沸点 /℃	Antione 常数			p_i^s/Pa	r_i^∞
				A	B	C		
1	苯	C_6H_6	80	15.9008	2788.51	−52,36		
2	环己烷	C_6H_{12}	78.0	15.7527	2766.63	−50.50		

【思考题】

① 如果溶剂也是易挥发物质，本法是否适用？

② 苯和环己烷分别与邻苯二甲酸二壬酯所组成的溶液，对拉乌尔定律是正偏差还是负偏差？

③ 影响结果准确度的因素有哪些？

实验 4　混合工质热力学性质计算

【实验目的】

① 掌握均相定组成混合物的混合法则。

② 掌握均相定组成混合物临界参数的计算法则。

③ 学会运用两项 Virial 方程及二元混合法则计算交叉 Virial 系数 B_{12}。

④ 学习使用和编辑软件计算热力学性质的方法。

【实验原理】

混合体系的热力学参数计算需要借助混合法则获得，这是化工热力学的重要任务之一。但是，混合物的特征参数是虚拟的，是随着混合物的组成变化而改变的。所谓混合法则，就是指混合物的虚拟的特征参数与混合物的组成和纯物质参数之间的关系式。在研究混合体系时，带有相同下标（常简化为单个下标）者，如“i”或“j”，表示为混合物状态下纯物质 i 或 j 的性质；带有不同下标者，如“ij”系指 i 与 j 的相互作用项；没有下标者是指混合物的性质。Virial 方程通常适用于非、弱极性物质及其混合物。两项 Virial 方程如下：

$$Z=\frac{pV}{RT}=1+\frac{Bp}{RT} \tag{2-29}$$

其混合法则为

$$B=\sum_{i=1}^{N}\sum_{j=1}^{N}y_i y_j B_{ij} \tag{2-30}$$

当混合物由两个组分组成时，$N=2$，则两项 Virial 方程的混合法则简化为

$$B=y_1^2 B_{11}+2y_1 y_2 B_{12}+y_2^2 B_{22} \tag{2-31}$$

通常认为 $B_{12}=B_{21}$。

$$B_{12}=\frac{RT_{c12}}{P_{c12}}(B^{(0)}+\omega_{12}B^{(1)}) \tag{2-32}$$

$$B^{(0)}=0.1445-\frac{0.33}{T_y}-\frac{0.01385}{T_y^2}-\frac{0.0121}{T_y^3}-\frac{0.000607}{T_y^8} \tag{2-33}$$

$$B^{(1)}=0.0637+\frac{0.331}{T_y^2}-\frac{0.423}{T_y^3}-\frac{0.008}{T_y^8} \tag{2-34}$$

其中定组成气体混合物的临界特征常数通常可近似按照如下法则计算：

$$T_{cm}=\sum_{i}^{N}y_i T_{ci} \tag{2-35}$$

$$p_{cm}=\sum_{i}^{N}y_i p_{ci} \tag{2-36}$$

$$\omega_{cm}=\sum_{i}^{N}y_i \omega_{ci} \tag{2-37}$$

$$T_r=\frac{T}{T_{cm}},\ p_r=\frac{p}{p_{cm}} \tag{2-38}$$

单一组分的临界参数可以查阅附录 E。在计算出混合物的临界特征常数和 $B^{(0)}$、$B^{(1)}$ 基础上，根据式(2-33) 即可得到交叉 Virial 系数 B_{12}，进而通过混合法则式(2-32) 得到 virial 系数 B。在此基础上，可以计算混合体系的其他热力学性质，如混合物逸度 f、逸度系数 φ、分逸度、分逸度系数 $\hat{\varphi}_i$、C_p、C_v 等。

采用两项 Virial 方程时，混合体系的逸度 f、逸度系数 φ 和分逸度系数 $\hat{\varphi}_i$ 计算方法如下。

$$Z=1+\frac{Bp}{RT} \tag{2-39}$$

$$V=\frac{RT}{p}+B=\frac{RT}{p}+(Z-1)\frac{RT}{p}=Z\frac{RT}{p} \tag{2-40}$$

$$\ln\hat{\varphi}_i=\frac{1}{RT}\int_0^p\left[\overline{V}_i-\frac{RT}{p}\right]\mathrm{d}p=\int_0^p[\overline{Z}_i-1]\frac{\mathrm{d}p}{p}\quad (T, y\text{ 恒定时}) \tag{2-41}$$

$$\ln\varphi=\frac{1}{RT}\int_0^P\left[V-\frac{RT}{p}\right]\mathrm{d}p=\int_0^P[Z-1]\frac{\mathrm{d}p}{p}\quad (T, y\text{ 恒定时}) \tag{2-42}$$

因为

$$Z=1+\frac{Bp}{RT}\text{或}\,nZ=n+\frac{nBp}{RT} \tag{2-43}$$

所以

$$\overline{Z}_i=\left(\frac{\partial nZ}{\partial n_i}\right)_{T,P,\{n\}\neq i}=1+\frac{p}{RT}\left(\frac{\partial nB}{\partial n_i}\right)_{T,p,\{n\}\neq i} \tag{2-44}$$

代入逸度系数表达式得

$$\ln\hat{\varphi}_i=\int_0^P[\overline{Z}_i-1]\frac{\mathrm{d}p}{p}=\int_0^p\frac{p}{RT}\left[\frac{\partial(nB)}{\partial n_i}\right]_{T,p,\{n\}\neq i}\frac{\mathrm{d}p}{p}=\frac{1}{RT}\int_0^p\overline{B}_i\,\mathrm{d}p \tag{2-45}$$

对二元体系，两项 Virial 方程的混合法则简化为

$$B=y_1^2B_{11}+2y_1y_2B_{12}+y_2^2B_{22}$$

所以

$$B=y_1B_{11}+y_2B_{22}+y_1y_2\delta_{12} \tag{2-46}$$

其中 $\delta_{12}=2B_{12}-B_{11}-B_{22}$

$$nB=n_1B_{11}+n_2B_{22}+\frac{n_1n_2}{n}\delta_{12} \tag{2-47}$$

$$\overline{B}_1=\left[\frac{\partial(nB)}{\partial n_1}\right]_{T,P,(x)_2}=B_{11}+\left(\frac{1}{n}-\frac{n_1}{n^2}\right)n_2\delta_{12}=B_{11}+(1-y_1)y_2\delta_{12}=B_{11}+y_2^2\delta_{12} \tag{2-48}$$

或

$$\overline{B}_2=\left[\frac{\partial(nB)}{\partial n_1}\right]_{T,P,(x)_1}=B_{22}+\left(\frac{1}{n}-\frac{n_2}{n^2}\right)n_1\delta_{12}=B_{22}+(1-y_2)y_1\delta_{12}=B_{22}+y_1^2\delta_{12}$$

$$\ln\hat{\varphi}_1=\frac{p}{RT}(B_{11}+y_2^2\delta_{12}) \tag{2-49}$$

$$\ln\hat{\varphi}_2=\frac{p}{RT}(B_{22}+y_1^2\delta_{12}) \tag{2-50}$$

同样

$$\ln\hat{\varphi}_1=\left[\frac{\partial(n\ln\varphi)}{\partial n_1}\right]_{T,P,n_2}\quad\text{或}\ \ln\varphi=\sum_i^n y_i\ln\hat{\varphi}_{i_2} \tag{2-51}$$

$$f=p\varphi \tag{2-52}$$

【实验仪器】

电子计算机若干，装配有 C-free5 或 MATLAB 编辑程序。

【实验内容】

甲烷（1)-正己烷（2）二元气体混合物的 Virial 方程和 Virial 系数分别是 $Z=1+\frac{Bp}{RT}$ 和 $B=\sum_{i=1}^{2}\sum_{j=1}^{2}y_i y_j B_{ij}$。已知 477.6K 下，甲烷（1)-正己烷（2）气体混合物在 $y_1=0.5$ 时的 Virial 系数 $B_{11}=-0.0113$，$B_{22}=-0.6134$。甲烷与正己烷的临界参数见附录 E。采用 C-free 程序编辑计算以下内容：

① 甲烷（1)-正己烷（2）二元气体混合物的临界特性参数 T_c、p_c、ω；

② 混合物的交叉 Virial 系数 B_{12}（dm^3/mol）；

③ 20kPa 和 477.6K 下，甲烷（1)-正己烷（2）混合物各组分的 $\hat{\varphi}_1^v$，$\hat{\varphi}_2^v$，φ，f。

④ 10kPa 和 477.6K 下，甲烷（1)-正己烷（2）混合物各组分的 $\hat{\varphi}_1^v$，$\hat{\varphi}_2^v$，φ，f。

【实验操作】

（1）启动程序　在计算机中安装 C 语言执行器（C-free5 程序），建立一个 C-free5 快捷方式，双击启动程序。

（2）计算程序　第一步，对这一过程所给定的数据进行整理，对数据进行归类，在 C 语言执行器（C-free 软件）中新建空白页如图 2-5，开始代码输入工作。

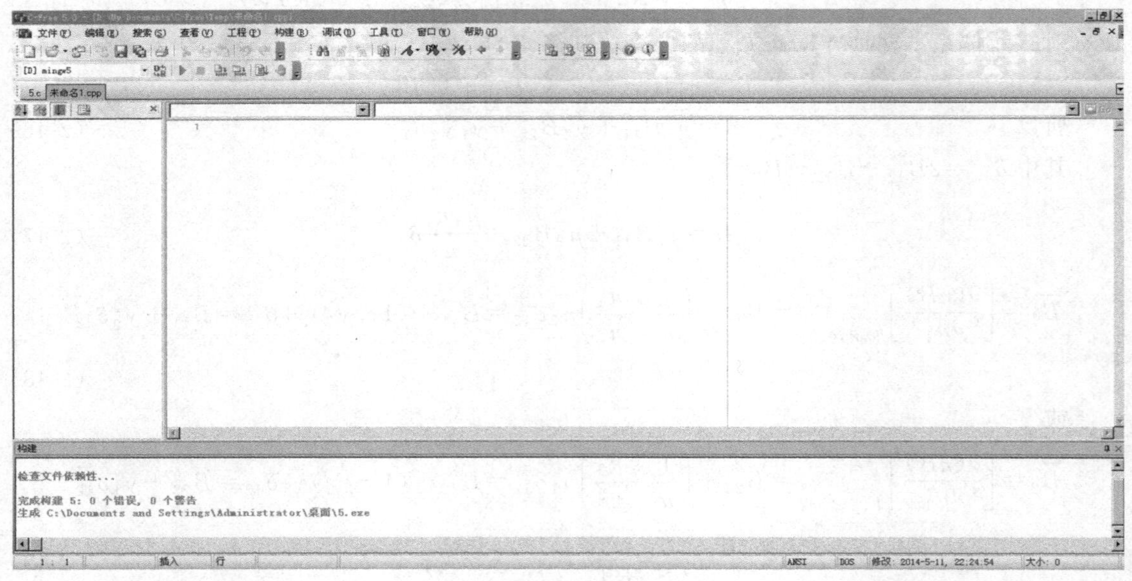

图 2-5　新建空白页

第二步，结合甲烷-正己烷的临界参数和热力学方程式，按照计算过程进行编写程序，不同的数据使用不同的语言如图 2-6，一步步进行，使每一句代码都保证无误。

第三步，写好程序代码后，按绿色运行键，程序中便会自动跳出运行框，运行框中等待你输入甲烷与正己烷的热力学临界参数，如图 2-7 所示。

第四步，在运行框中填入甲烷与正己烷的临界参数，逐个填入，以免遗漏，见图 2-8。

第五步，按计算机中的 enter 键，其运行结果会出现，见图 2-9。

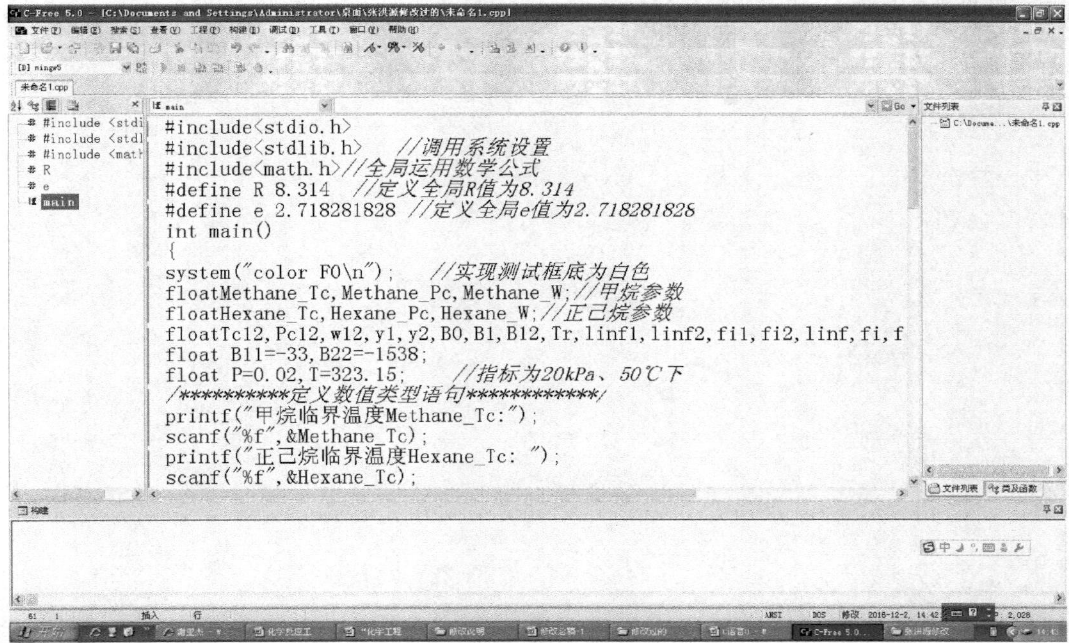

图 2-6　编程过程

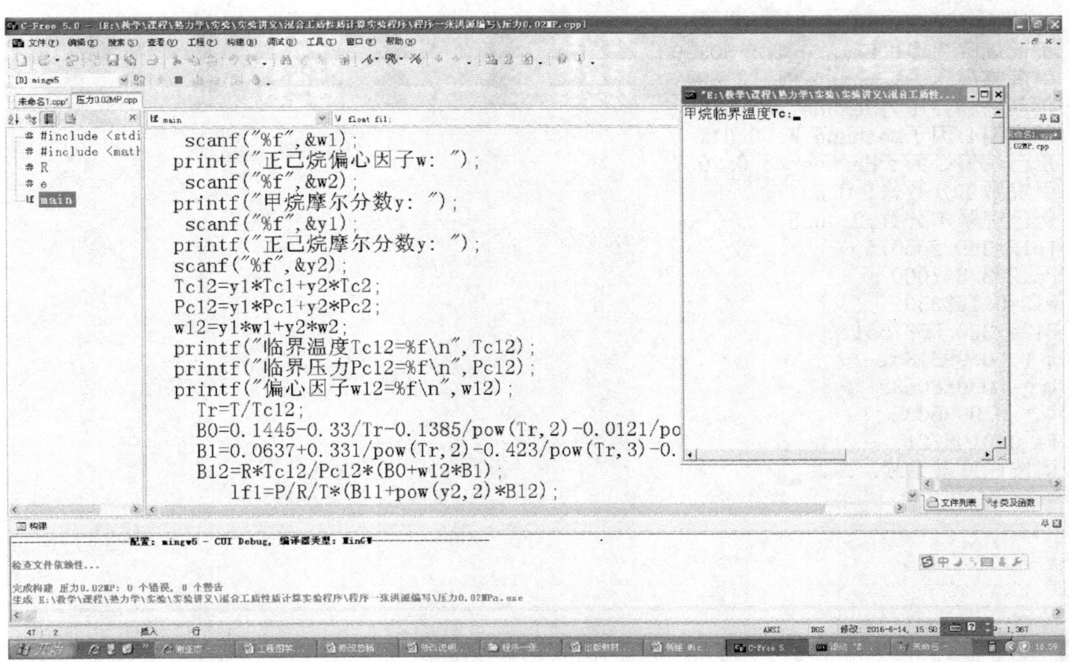

图 2-7　程序运行

```
"E:\电脑\E\upan\压力0.02MPa.exe"
甲烷临界温度Methane_Tc:190.58
正己烷临界温度Hexane_Tc: 507.95
甲烷临界压力Methane_Pc: 4.604
正己烷临界压力Hexane_Pc:
```

图 2-8　输入临界参数

图 2-9　程序输出结果

第六步，将待求参数的运行结果记录在表 2-9 中。将得到的总逸度 φ 与用 ThermalCal 软件（以 PR 方程为研究模型的化工热力学理论教材配套软件）计算得到的 φ 值相比较，计算相对误差。

【程序计算参数记录】

见表 2-7。

表 2-7 纯组分的物性常数

纯组分(i)	T_{ci}/K	p_{ci}/MPa	ω_i	477.6K 时的维里系数 B_{ii}	y_i
甲烷	190.6	4.60	0.288	−0.0113	0.5
乙烷	305.4	4.884	0.098	−0.0751	
正己烷	507.95	3.09	0.2957	−0.6134	0.5

【程序计算结果】

见表 2-8。

表 2-8 计算结果

指　　标	T_{cm}	p_{cm}	ω_m	B_{12}	$\hat{\varphi}_1^v$	$\hat{\varphi}_2^v$	φ	f
20kPa 和 477.6K								
10kPa 和 477.6K								

程序示例 1

```
#include<stdio.h>
#include<stdlib.h>  //调用系统设置
#include<math.h>  //全局运用数学公式
#define R 8.314  //定义全局 R 值为 8.314
#define e 2.718281828  //定义全局 e 值为 2.718281828
int main()
{
system("color F0\n");  //实现测试框底为白色
floatMethane_Tc,Methane_Pc,Methane_W;//甲烷参数
floatHexane_Tc,Hexane_Pc,Hexane_W;//正己烷参数
floatTc12,Pc12,w12,y1,y2,B0,B1,B12,Tr,linf1,linf2,φ1,φ2,linf,φ,f;  //φ为逸度
系数,f 为逸度
float B11=-33,B22=-1538;
float P=0.02,T=323.15;    //指标为 20kPa、50℃下
/*********** 定义数值类型语句 *************/
printf("甲烷临界温度 Methane_Tc:");
scanf("%f",&Methane_Tc);
printf("正己烷临界温度 Hexane_Tc:");
scanf("%f",&Hexane_Tc);
printf("甲烷临界压力 Methane_Pc:");
scanf("%f",&Methane_Pc);
```

```
printf("正己烷临界压力 Hexane_Pc：");
scanf("%f",&Hexane_Pc);
printf("甲烷偏心因子 Methane_W：");
scanf("%f",&Methane_W);
printf("正己烷偏心因子 Hexane_W：");
scanf("%f",&Hexane_W);
printf("甲烷摩尔分数 y1：");
scanf("%f",&y1);
printf("正己烷摩尔分数 y2：");
scanf("%f",&y2);
/***********输出文字与赋值语句************/
    Tc12=y1*Methane_Tc+y2*Hexane_Tc;
    Pc12=y1*Methane_Pc+y2*Hexane_Pc;
    w12=y1*Methane_W+y2*Hexane_W;
/***********第一步计算公式输入************/
printf("Tc12=%f\n",Tc12);
printf("Pc12=%f\n",Pc12);
printf("w12=%f\n",w12);
/***********输出第一步计算结果************/
Tr=T/Tc12;
        B0=0.1445-0.33/Tr-0.1385/pow(Tr,2)-0.0121/pow(Tr,3)-0.000607/pow(Tr,8);
        B1=0.0637+0.331/pow(Tr,2)-0.423/pow(Tr,3)-0.008/pow(Tr,8);
        B12=R*Tc12/Pc12*(B0+w12*B1);
linφ1=P/R/T*(B11+pow(y2,2)*B12);
linφ2=P/R/T*(B22+pow(y1,2)*B12);
linφ=y1*linφ1+y2*linφ2;
        φ1=pow(e,linφ1);
        φ2=pow(e,linφ2);
φ=pow(e,linφ);
//pow 为 math.h 库中的函数,pow(x,y)表示 x^y
//若求得的是 ln(x)，求 x 也可以用 math.h 库中的 exp 函数,exp(2)表示 e^2
/***********第二步计算公式************/
printf("B12=%10.7f\n",B12);
printf("φ1=%10.7f\n",φ1);
printf("φ2=%10.7f\n",φ2);
printf("φ=%10.7f\n",φ);
printf("f=%10.7f\n",f=P*φ);
/***********输出第二步计算结果************/
return 0;
}
```

。

程序示例 2

```
#include <stdio.h>
#include <stdlib.h>
#include <math.h>
#define floag double

floag   Methane_Tc,Methane_Pc,Methane_W;//甲烷参数
floag   Hexane_Tc,Hexane_Pc,Hexane_W;//正己烷参数
floag   R,T;
floag   B11,B22,P,ty1,ty2;              //第三步输入值                    //第四步输入值
floag   Tcm,Pcm,Wcm;      //Step1 计算结果
floag   B12;              //Step2 计算结果
floag   liny1,liny2;      //step3 计算结果
floag   RY,RF;                    //srep4 计算结果
floag   middle1,middle2,middle3,middle4;

floag Step1(floag Parameter1,floag Parameter2)
{
    floag Step1_result;
    Parameter1=Parameter1 * 0.5;
    Parameter2=Parameter2 * 0.5;
    Step1_result=Parameter1+Parameter2;
    return  Step1_result;

}

floag Step2(floag Temp,floag R,floag Tcm,floag Wcm,floag Pcm)
{
    floag Tr,B0,B1;
    floag result1,result2,result3,result4;
    Temp=Temp+273.15;
    Tr=Temp/Tcm;
    result1=Tr * Tr;
    result2=Tr * Tr * Tr;
    result3=Tr * Tr * Tr * Tr * Tr * Tr * Tr * Tr;
    B0=0.1445-0.33/Tr-0.1385/result1-0.0121/result2-0.000607/result3;
    B1=0.0637+0.331/result1-0.423/result2-0.008/result3;
    result4=B0+Wcm * B1;
    return(R * Tcm * result4/Pcm);
}
```

```
floag Step3(floag b12,floag b11,floag b22,floag p,floag r,floag t)
{
    middle1=0;middle2=0;
    floag f12=2 * b12-b11-b22;
    middle1=b11+ty2 * ty2 * f12;
    middle2=b22+ty1 * ty1 * f12;
    floag tt=t+273.15;
    middle1=middle1 * p/(r * tt);
    middle2=middle2 * p/(r * tt);
}

floag Step4(floag Y1,floag Y2,floag Lin1,floag Lin2,floag p)
{
    middle3=0;
    middle4=0;
    middle3=Y1 * Lin1+Y2 * Lin2;
    //这里求得的是 ln(x),求 x 可以用 math.h 库中的 exp 函数,exp(2)表示 e^2
    middle3 = exp(middle3);
    middle4=p * middle3 * 1000;
}
int main()
{
    printf("请输入甲烷 Tc ");
    scanf("%lf",&Methane_Tc);
    printf("请输入正己烷 Tc ");
    scanf("%lf",& Hexane_Tc);
    printf("请输入甲烷 Pc");
    scanf("%lf",&Methane_Pc);
    printf("请输入正己烷 Pc ");
    scanf("%lf",& Hexane_Pc);
    printf("请输入甲烷 W ");
    scanf("%lf",&Methane_W);
    printf("请输入正己烷 W ");
    scanf("%lf",& Hexane_W);
    R=8.314;
    T=50;
    B11=-33;B22=-1538;P=0.02;ty1=0.5;ty2=0.5;R=8.314;//
    Tcm= Step1(Methane_Tc,Hexane_Tc);//第一步结果
    Pcm= Step1(Methane_Pc,Hexane_Pc);
    Wcm= Step1(Methane_W,Hexane_W);
```

```
B12 = Step2(T,R,Tcm,Wcm,Pcm);          //第二步结果
Step3(B12,B11,B22,P,R,T);
liny1=middle1;                          //第三步结果
liny2=middle2;
Step4(ty1,ty2,liny1,liny2,P);

RY=middle3;                             //第四步结果
RF=middle4;
printf("Tcm:%0.15lf\n",Tcm);
printf("Pcm:%0.15lf\n",Pcm);
printf("Wcm:%0.15lf\n",Wcm);
printf("B12:%0.15lf\n",B12);
printf("lnx1:%0.15lf\n",liny1);
printf("lnx2:%0.15lf\n",liny2);
printf("x1:%0.15lf\n",exp(liny1));
printf("x2:%0.15lf\n",exp(liny2));
printf("x:%0.15lf\n",middle3);
printf("f:%0.15lf\n",RF);
return 0;
```

【思考题】

(1) 气体混合物的临界特征常数由哪些因素决定？

(2) 气体混合物的 Virial 系数 B 以及交叉 Virial 系数 B_{12} 的影响因素是什么？

(3) 混合气体的总逸度系数的影响因素是什么？

(4) Virial 方程计算适合哪种气体或气体混合物？

实验 5 甲醇-水体系的泡点计算

【实验目的】

① 掌握 EOS+γ 法计算二元体系气液平衡数据的一般法则以及在常、减压体系中气液平衡法则的简化方法。

② 学会运用 Wilson 方程计算均相系统组分活度系数的方法。

③ 掌握计算二元体系泡点的基本方法。

④ 学习和训练使用软件计算泡点性质的方法。

【实验原理】

判断二元体系气液平衡的一般法则为

$$\hat{f}_i^{\mathrm{v}}=\hat{f}_i^{\mathrm{l}} \quad (i=1,2,3,\cdots,N) \tag{2-53}$$

使用 EOS+γ 法计算组分逸度时，气、液相组分的逸度分别表示为

$$\hat{f}_i^{\mathrm{v}}=p y_i \hat{\varphi}_i^{\mathrm{v}} \tag{2-54}$$

$$\hat{f}_i^{\mathrm{l}}=f_i x_i \gamma_i$$

则气液平衡判断法则转化为

$$p y_i \hat{\varphi}_i^{\mathrm{v}} = f_i x_i \gamma_i \quad (i=1,2,\cdots,N)_i \tag{2-55}$$

式中　$\hat{\varphi}_i^{\mathrm{v}}$——气体组分的逸度系数，由 Virial、R-K、PR 方程等状态方程计算求得；

γ_i——液相中组分的活度系数，由 Wilson、NRTL 方程等计算；

f_i——纯组分的逸度，由温度、压力决定。

在常、减压体系中，气相可视为理想气体，则 $\hat{\varphi}_i^{\mathrm{v}} \approx 1$，$f_i \approx p_i^{\mathrm{s}}$。式(2-55) 简化为

$$y_i p = \gamma_i x_i p_i^{\mathrm{s}} \quad (i=1,2,\cdots,N) \tag{2-56}$$

以甲醇（1）-水（2）体系的泡点计算为例，该液相不分层，可用 Wilson 方程计算活度系数。若已知 $p=101325\mathrm{Pa}$，$x_1=0.2$，属于等压泡点计算，由于压力较低，气相可视作理想气体。T、y_1、y_2 可以服从下列关系：

$$\begin{aligned} y_1 &= p_1^{\mathrm{s}} x_1 \gamma_1 / p \\ y_2 &= p_2^{\mathrm{s}} x_2 \gamma_2 / p \\ p &= p_1^{\mathrm{s}} x_1 \gamma_1 + p_2^{\mathrm{s}} x_2 \gamma_2 \end{aligned} \tag{2-57}$$

其中活度系数用 Wilson 方程计算：

$$\ln\gamma_1 = -\ln(x_1 + \Lambda_{12} x_2) + x_2 \left[\frac{\Lambda_{12}}{x_1 + \Lambda_{12} x_2} - \frac{\Lambda_{21}}{x_2 + \Lambda_{21} x_1} \right] \tag{2-58}$$

$$\ln\gamma_2 = -\ln(x_2 + \Lambda_{21} x_1) + x_1 \left[\frac{\Lambda_{21}}{x_2 + \Lambda_{21} x_1} - \frac{\Lambda_{12}}{x_1 + \Lambda_{12} x_2} \right] \tag{2-59}$$

其中

$$\begin{aligned} \Lambda_{12} &= \frac{V_2^{\mathrm{l}}}{V_1^{\mathrm{l}}} \exp\left[\frac{-(\lambda_{12} - \lambda_{11})}{RT} \right] \\ \Lambda_{21} &= \frac{V_1^{\mathrm{l}}}{V_2^{\mathrm{l}}} \exp\left[\frac{-(\lambda_{21} - \lambda_{22})}{RT} \right] \end{aligned} \quad (i=1,2,\cdots,N) \tag{2-60}$$

纯组分的液体摩尔体积 V_1^{l}、V_2^{l} 可由 Rackett 方程计算：

$$\begin{aligned} V_i^{\mathrm{sl}} &= (RT_{ci}/p_{ci}) Z_{\mathrm{RA}i}^{1+(1-T_{ri})^{2/7}} \\ Z_{\mathrm{RA}i} &= \alpha_i + \beta_i (1 - T_{ri}) \end{aligned} \tag{2-61}$$

纯组分的饱和蒸气压 p_1^{s}、p_2^{s} 服从 Antoine 方程：

$$\ln p_i^{\mathrm{s}} = A_i - \frac{B_i}{C_i + T} \quad (i=1,2,\cdots,N) \tag{2-62}$$

首先查表或设计手册得到有关物性常数，若已知压力 p 和液相组成 x_1，运用上述关系式和已知条件，计算出泡点温度 T 和气相组成 y_1。

若已知泡点温度 T 和液相组成 x_1，运用上述关系式，亦可以计算出泡点压力和气相组成 y_1。

泡点计算可以采用已知软件计算，输入有关物性常数，直接得到需要的泡点参数；也可以使用计算机语言 C-free 程序编辑计算。

【实验仪器】

电子计算机若干，安装有 C-free 程序和 Matlab 程序；或采用 ThermalCal 软件计算。

【计算内容】

用 Wilson 方程，计算甲醇（1）-水（2）体系在下列条件下的泡点（假设气相是理想气体），可用已知软件计算或编辑程序计算（以 PR 方程计算）：

(a) p=101325Pa，x_1=0.2（实验值 T=81.48℃，y_1=0.582）；

(b) T=67.83℃，x_1=0.8（实验值 p=101325Pa，y_1=0.914）。

已知 Wilson 参数 $\lambda_{12}-\lambda_{11}$=1085.13J/mol 和 $\lambda_{21}-\lambda_{22}$=1631.04J/mol。

【物性常数及编辑计算结果】

纯组分的物性常数见表 2-9。

(a) p=101325Pa，x_1=0.2，属于等压泡点计算。

表 2-9 纯组分的物性常数

纯组分		Rackett 方程参数				Antoine 常数		
(i)	T_{ci}/K	p_{ci}/MPa	ω	α_i	β_i	A_i	B_i	C_i
甲醇(1)	512.64	8.092	0.564	0.2273	0.0219	9.4138	3477.90	−40.53
水(2)	647.30	22.064	0.344	0.2251	0.0321	9.3876	3826.36	−45.47

用软件来计算。输入独立变量、Wilson 能量参数和物性常数，即可得到结果：T=355.7977K（即 82.65℃）和 y_1=0.5626。

(b) 已知 T=67.83℃，x_1=0.8，属于等温泡点计算，用软件来计算。输入独立变量、Wilson 能量参数和物性常数，同样由软件得到结果，p=0.1000MPa，y_1=0.9266。

【思考题】

(1) 公式 $y_i p=\gamma_i x_i p_i^s$ (i=1，2，…，N) 用于相平衡判断的条件是什么？

(2) Wilson 活度系数方程使用的条件是什么？

(3) C-free 程序编辑过程中应注意哪些影响因素？

(4) 本实验中用于计算气液平衡的方法属于哪一种？

实验 6 液化石油气露点计算的程序设计

液化石油气通常是由丙烷、丙烯、正丁烷、异丁烷、丁烯-1、顺丁烯-2、反丁烯-2、异丁烯等组分形成的混合物。其露点的计算方法有手工试算、直接计算和编程计算机试算 3 种。手工试算的过程烦琐，使用相平衡常数计算图的精度难以保证。直接计算的过程简单，使用方便，但适用的范围较小，只能在液化石油气露点为−15～+10℃且绝对压力为 0.13～0.20MPa 范围内保持一定的精度。将试算过程编制成程序，使用计算机进行计算，则相对比较容易、快捷。

【实验目的】

① 掌握 EOS 法计算二元体系气液平衡数据的一般法则以及在理想系统中法则的简化方法。

② 掌握计算二元体系露点的基本原理。

③ 学习掌握计算饱和蒸气压的方法。

④ 训练和培养编辑软件计算露点的能力。

【实验原理】

(1) 试算原理及步骤

① 试算原理　多元体系气液平衡数据计算的通式为

$$py_i\hat{\varphi}_i^{\rm v}=f_i x_i\gamma_i \quad (i=1,2,\cdots,N)_i \tag{2-63}$$

式中　$\hat{\varphi}_i^{\rm v}$——气体组分的逸度系数，由 Virial、R-K 方程等状态方程计算求得；

γ_i——液相组分的活度系数，由 Wilson、NRTL 方程等计算；

f_i——纯组分的逸度，由温度、压力决定。

对于由多种组分组成的气态液化石油气，当压力增大或温度降低而出现露珠现象时，气液两相处于平衡状态。气相可视为理想气体（气相压力较低），即 $\hat{\varphi}_i^{\mathrm{v}} \approx 1$，$f_i \approx p_i^{\mathrm{s}}$。液相近似为理想溶液，则 $\gamma_i \approx 1$。则式(2-63) 简化为

$$y_i p = x_i p_i^{\mathrm{s}} \quad (i=1,2,\cdots,N) \tag{2-64}$$

或

$$x_i = y_i p_i / p_i^{\mathrm{s}} \quad (i=1,2,\cdots,N) \tag{2-65}$$

式中 p——液化石油气的气相总压，MPa；

x_i——液化石油气第 i 组分在液相中的摩尔分数；

y_i——液化石油气第 i 组分在气相中的摩尔分数。

p_i^{s}——液化石油气第 i 组分在露点时的饱和蒸气压，MPa。

对于由 n 种组分组成的液化石油气，式(2-65) 可列出 n 个等式。其中，p 和 y_i（n 个）已知，p_i^{s}（n 个）和 x_i（n 个）未知。未知数共有 $n+1$ 个。又由于 x_i 与 y_i 具有闭合性，即

$$\sum_{i=1}^{n} x_i = 1 \quad 且 \quad \sum_{i=1}^{n} y_i = 1 \tag{2-66}$$

所以，方程数同样为（$n+1$）个，可解。

但是，由于 p_i^{s} 与 t 的函数关系式较复杂，一般是非线性方程，甚至是隐式方程，直接解方程组很不方便，所以通常采用试算法。

② 试算步骤　使用计算机进行液化石油气露点试算的具体步骤为：

a. 假定一个液化石油气露点为 t_{d}；

b. 计算在假定的露点 t_{d} 下，液化石油气各组分纯液体的饱和蒸气压 p_i^{s}；

c. 根据式(2-65) 计算液化石油气各组分在液相中的摩尔分数 x_i；

d. 判断 $\left|\sum_{i=1}^{n} x_i - 1\right| < \delta$ 是否成立。若不成立，则重新假定 t_{d}，重复以上各步，直至 $\left|\sum_{i=1}^{n} x_i - 1\right| < \delta$ 成立。其中 δ 为一较小的正数，由计算精度决定，手工试算时可取 $\delta=0.01$，编程计算机试算时可取更小值，以提高计算精度。

(2) 纯液体饱和蒸气压 p^{s} 的计算方法　纯液体饱和蒸气压的计算方法有很多，如 Antoine 方程、Kirchhoff 法、Lee-Kesler 法、Riedel-Plank-Miller 法、Riedel 法等。各种计算蒸气压方法在工程中常见的温度范围（－40～＋40℃）内的平均相对误差表明，Antoine 方程、Kirchhoff 法和 Riedel-Plank-Miller 法较适合于液化石油气组分的饱和蒸气压计算，但仍有3%左右的相对误差。若需进一步提高计算精度，可采取两种方法。

① 在较小的工程温度范围内，根据实验数据拟合更高精度的液化石油气各组分纯液体饱和蒸气压与温度的关系式，专门用于液化石油气露点的计算。

② 把液化石油气各组分纯液体在不同温度下的饱和蒸气压实验值输入数据库，如温度间隔取 0.5℃，供液化石油气露点计算程序调用。

【实验仪器】

电子计算机若干，装配有 FORTRAN 语言或 C＋＋语言的编辑软件。

【程序计算内容与框图】

(1) 算法与框图　比较简单的方法是采用二分法，即区间分半法。首先，确定一个包含露点的较大的温度区间，如－100～＋100℃。然后将温度区间逐步分半，直至使在温度区间的中

点上 $\left|\sum_{i=1}^{n} x_i - 1\right| < \delta$ 成立，即求得满足工程精度要求的露点。同时，也可以对露点温度区间进行限制，当温度区间的宽度减小到一定值 ε，如 0.1℃时，即取温度区间的中点为所求的露点。此时，不必要求温度区间的中点上 $\left|\sum_{i=1}^{n} x_i - 1\right| < \delta$ 成立，即两种精度条件满足其中之一即可。程序的框图见图 2-10，其中 t_1、t_2 分别为露点温度区间的左端点、右端点，单位为℃。

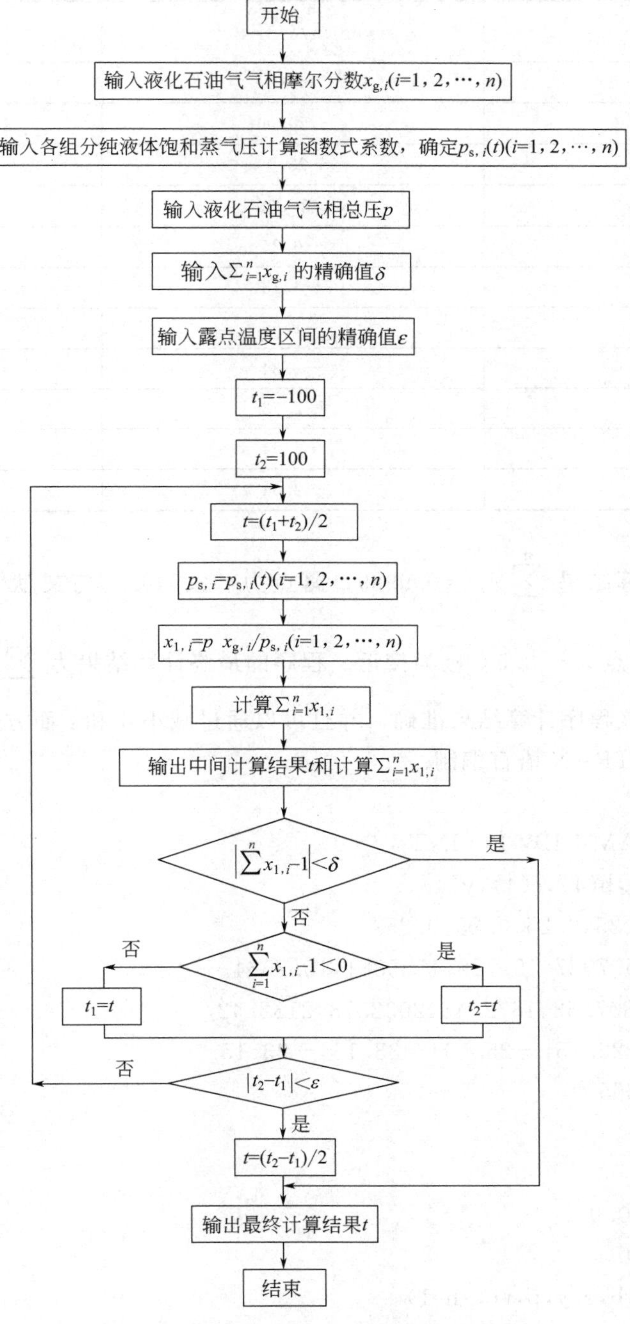

图 2-10 液化石油气露点计算程序框图

（2）算例　已知液化石油气中丙烯、丙烷、异丁烷和1-丁烯的气相摩尔分数均为25%，求其在0.20265MPa的绝对压力下的露点。程序采用FORTRAN语言编制，饱和蒸气压使用Antoine方程计算，压力单位为MPa，温度单位为℃，δ 取0.001，ε 取0.1℃。为较清晰地表示算法，将程序设计为该算例的专用程序，可以很容易地向通用程序扩展。程序的计算结果见表2-10。

表2-10　程序的计算结果

试算次数	露点/℃	$\sum_{i=1}^{n} x_i$
1	0.00	0.9114
2	－50.00	8.3658
3	－25.00	2.4210
4	－12.50	1.4454
5	－6.25	1.1406
6	－3.13	1.0181
7	－1.56	0.9629
8	－2.34	0.9900
9	－2.73	1.0039
10	－2.54	0.9969
11	－2.64	1.0004

程序的一个中间计算结果 $\sum_{i=1}^{n} x_i = 0.9969$，露点为－2.54℃，与文献［22］中的计算结果 $\sum_{i=1}^{n} x_i = 0.9955$，露点为－2.5℃极为接近。程序的最终计算结果为 $\sum_{i=1}^{n} x_i = 1.0004$，露点为－2.64℃。可见，该程序计算结果准确，并且可以通过减小 δ 和 ε 而方便地提高计算精度。

程序采用FORTRAN语言编制。

```
C     PROGRAM DEW PO INT
      real a(4),b(4),c(4),y(4)
      data y/0.25,0.25,0.25,0.25/
      data a/15.7027,15.726,15.5381,15.7564/
      data b/1807.53,1872.46,2032.73,2132.42/
      data c/-26.15,-25.16,-33.15,-33.15/
      p=0.20265
      d=0.001
      e=0.1
      t1=-100.0
      t2=100.0
      call ld(a,b,c,y,p,t1,xhe1)
      call ld(a,b,c,y,p,t2,xhe2)
```

```
      if((xhe1 * xhe2). g. t 0. 0)go to 100
10    t=(t1+t2)/2. 0
      call ld(a,b,c,y,p,t,xhe)
      write( * ,'(5x,2h t= ,f8. 2,4x,4hxhe= ,f10. 4)')t,xhe
      +1. 0
      if(ABS(xhe). l. t d)go to 200
      if(xhe. l. t 0. 0)then
      t2=t
      else
      t1=t
      end if
      if(ABS(t2-t1). g. t e)go to 10
      t=(t1+t2)/2. 0
200   write( * ,'(3x,9hdew point= ,f5. 2)')t
      go to  300
100   w rite( * , * )'ERROR'
300   stop
      end
      SUBROUTINE ld(a,b,c,y,p,t,xhe)
      real a(4),b(4),c(4),y(4)
      xhe=0. 0
      do 20 i=1,4
      psi=exp(a(i)-b(i)/(t+273. 15+c(i))) *
      0. 000133322
      xi=p * y(i)/psi
      xhe=xhe+x i
20    continue
      xhe=xhe-1. 0
      return
      end
```

实验7 环己烷-乙醇恒压气液平衡相图绘制

【实验目的】

① 测定常压下环己烷-乙醇二元系统的气液平衡数据，绘制 101.325kPa 下的沸点-组成的相图。

② 掌握阿贝折射仪的原理和使用方法。

③ 掌握水银温度计与大气压力计的校正与使用方法。

【实验原理】

在同一温度下液体混合物中各组分具有不同的挥发能力。因此，达到气、液相平衡时，各组分在气、液两相中的浓度是不等的。据此，使二元混合物在精馏塔中进行反复蒸馏，就可分离得到相应的纯组分。为了得到预期的分离效果，设计精馏装置时必须使用准确的气液平衡数据，即平衡时气、液两相的组成与温度、压力间的依赖关系。大量工业上重要的系统的气液平衡数据，很难由理论计算，必须由实验直接测定，即在恒压（或恒温）下测定平衡的蒸气与液体的各组成。其中，恒压数据应用更广，测定方法比较简便。

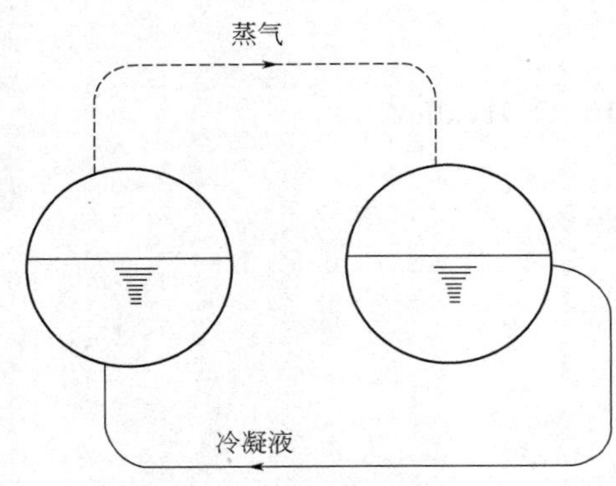

图 2-11　循环法原理示意图

恒压测定方法有多种，以循环法最普遍。循环法原理的示意图如图 2-11 所示。

在沸腾器 P 中盛有一定组成的二元溶液，在恒压下加热。液体沸腾后，逸出的蒸气经完全冷凝后流入收集器 R。达一定数量后溢流，经回流管流回到 P。由于气相中的组成与液相中不同，所以随着沸腾过程的进行，P、R 两容器中的组成不断改变，直至达到平衡时，气、液两相的组成不再随时间而变化，P、R 中取样进行分析，即得出平衡温度下气相和液相的组成。本实验测定的环己烷-乙醇二元气液恒压相图，如图 2-12 所示。图中横坐标表示二元系的组成（以 B 的摩尔分数表示），纵坐标为温度。

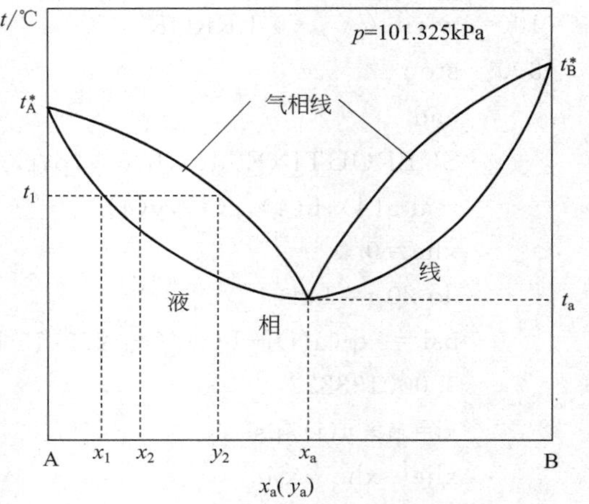

图 2-12　有最低恒沸点的二元气液平衡相图

显然，曲线的两个端点 t_A^*、t_B^* 即指在恒压下纯 A 与纯 B 的沸点。若溶液原始的组成为 x_0，当它沸腾达到气液平衡的温度为 t_1 时，其平衡气液相组成分别为 y_1 与 x_1。用不同组成的溶液进行测定，可得一系列 t-x-y 数据，据此画出一张由液相线与气相线组成的完整相图。图 2-12 的特点是当系统组成为 x_e 时，沸腾温度为 t_e，平衡的气相组成与液相组成相同。因为 t_e 是所有组成中的沸点最低者，所以这类相图称为具有最低恒沸点的气液平衡相图。

分析气液两相组成的方法很多，有化学方法和物理方法。本实验用阿贝折射仪测定溶液的折射率以确定其组成。因此在一定温度下，纯物质具有一定的折射率，所有两种物质互溶形成溶液后，溶液的折射率就与其组成有一定的顺变关系。预先测定一定温度下一系列已知组成的溶液的折射率，得到折射率-组成对照表。以后即可根据待测溶液的折射率，由此表确定其组成。

【实验试剂与仪器】

（1）试剂　环己烷，乙醇。

（2）仪器　改进的 Ellis 气液两相双循环型蒸馏器，自动电压控制仪。A610 全自动折射仪。改进的 Ellis 气液两相双循环型蒸馏器是由玻璃吹制而成的，具有气液两相同时循环的结构，操作也更加简便，如图 2-13 所示。

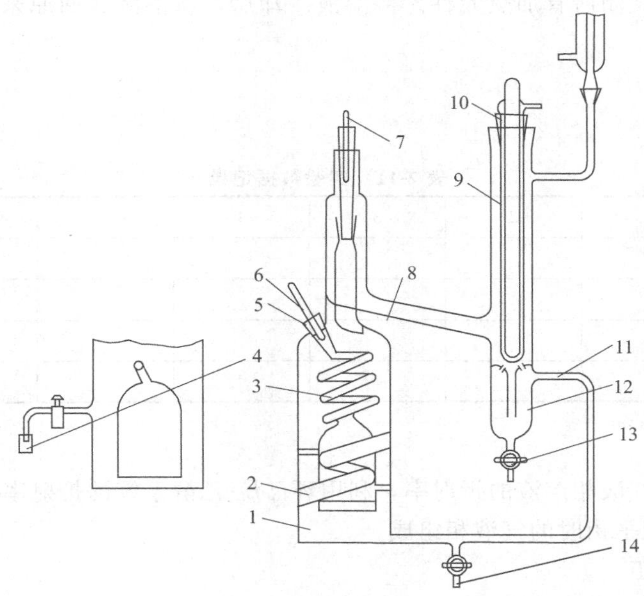

图 2-13 改进的 Ellis 气液两相双循环型蒸馏器

1—蒸馏釜；2—加热夹套内插电热丝；3—蛇管；4—液体取样口；5—进料口；6—测定平衡温度的温度计；7—测定气相温度的温度计；8—蒸气导管；9,10—冷凝器；11—气体冷凝液回路；12—凝液储器；13—气相凝液取样口；14—放料口

【实验内容】

① 测定环己烷-乙醇溶液（体积比 1∶9）在平衡沸点时的气、液体折射率。

② 放出少许液体，另加入适量环己烷，再次加热至平衡，重复上述步骤。

③ 分别测定不同组成的环己烷-乙醇溶液（5～6 个溶液），分别取得沸点 t 与对应的气、液相折射率 n，数据记录在表 2-11 中；根据附录 F 分别求取气、液相折射率 n 相对应的气、液相组成 y 或 x，绘制沸点-组成相图（或 t-x-y 图）。

【实验步骤】

① 将预先配制好的一定组成的环己烷-乙醇溶液缓缓加入蒸馏器中，使液面略低与蛇管喷口，蛇管的大部分浸在溶液之中。

② 同时在冷凝器 9、10 中通以冷却水。调节适当的电压加热。

③ 加热：接通加热电源，调节加热电压约在 80～120V，开启磁力搅拌器，调节合适的搅拌速度。缓慢升温加热至釜液沸腾时，分别接通上、下保温电源，其电压调节。

④ 温控：溶液沸腾，汽相冷凝液出现，直到冷凝回流。起初，平衡温度计读数不断变化，调节加热量，使冷凝液控制在每分钟 60 滴左右。调节上下保温的热量，最终使平衡温度逐渐趋于稳定，气相温度控制在比平衡温度高 0.5～1℃：保温的目的在于防止气相部分冷凝。平衡的主要标志由平衡温度的稳定加以判断。上下保温在 10～15V。

⑤ 待套管处的温度约恒定 15min 后，可认定气、液相间已达到平衡，记下温度计 6 读数，即为气、液平衡的温度 $t_{观}$，同时记下温度计露茎部分的长度 n 及辅助温度计读数 t 室。

⑥ 分别从取样口 4、13 同时取样约 1mL，稍冷却后测定其折射率。A610 全自动折光仪使用详见说明书。

⑦ 实验结束，关闭所有加热元件。待溶液冷却后，将溶液放回原来的溶液瓶，关闭冷却水。

【数据记录】

见表 2-11。

表 2-11 实验数据记录

编号	1	2	3	4	5	6	7
温度 $t_{观}$/℃							
P/mmHg							
$t_{室}$/℃							
n/cm							

【数据处理】

① 将测定的各气液相溶液的折射率，利用环己烷-乙醇系统的折射率-组成对照表（见本书附录 F）确定气液平衡时的气液相组成。

② 平衡温度校正。

测定实际温度与读数温度的校正：

$$t_{实际}=t_{观}+0.00016n(t_{观}-t_{室})$$

式中 $t_{观}$——温度计指示值；

$t_{室}$——室温；

n——温度计暴露出部分的水银高度读数，cm。

沸点校正：

$$t_{P}=t_{实际}+0.000125(t+273)(760-P)$$

式中 t_{P}——换算到标准大气压（101.325kPa）下的沸点；

P——实验时大气压力（换算为 mmHg）

③ 气、液两相平衡数据关联。

综合实验所得的各组成的气液平衡数据列于表 2-12，绘出 101.325kPa 下环己烷-乙醇的气液平衡相图。

表 2-12 实验数据处理

编号	1	2	3	4	5	6	7
温度 $t_{实际}$/℃							
$n_{液体}$							
x_1							
$n_{气体}$							
y_1							

【思考题】

① 如何才能准确测得溶液的沸点？

② 改进的 Ellis 平衡蒸馏器有什么特点？其中蛇管的作用是什么？

③ Ellis 平衡蒸馏器为何要上下保温？为何气相部位（温度计 7）温度应略高于液相部位（温度计 6）温度？

④ 试简述在本实验过程中，Ellis 平衡蒸馏器是如何实现气液两相同时循环的？

⑤ 取出的平衡时气、液相样品，为什么冷却至 25℃方可用以测定其折射率？

【讨论】

① 为得到标准压力下的相平衡数据，应采用恒压装置以控制外压。采用改进型 Ellis 蒸馏器，并进行压力与温度之间的校正，即可达到目的。

② 使用 Ellis 蒸馏器操作时，应注意防止闪蒸现象、精馏现象及暴沸现象。当加热功率过高时，溶液往往会产生完全气化，将原组成溶液瞬间完全变为蒸气，即闪蒸。显然，闪蒸得到的气液组成不是平衡的组成。为此需要调节适当的加热功率，以控制蒸气冷凝液的回流速度。

蒸馏器所得的平衡数据应是溶液一次气化平衡的结果。但若蒸气在上升过程中又遇到气相冷凝液，则又可进行再次气化，这样就形成了多次蒸馏的精馏操作。其结果是得不到蒸馏器应得的平衡数据。为此，在蒸馏器上部必须进行保湿，使气相部位温度略高于液相，以防止蒸气过早的冷凝。

由于沸腾时气泡生成困难，暴沸现象常会发生。避免的方法是提供气泡生成中心或造成溶液局部过热。为此，可在实验中鼓入小气泡或在加热管的外壁造成粗糙表面以利于形成气穴；或将电热丝直接与溶液接触，造成局部过热。

参 考 文 献

[1] 上海化工学院化学工程专业，上海石油化学研究所．醋酸-水-醋酸乙烯醋三元系气液平衡的研究 I. 液相完全互溶区 [J]. 化学学报，1976，34（2）：79-92.

[2] 南京化工学院等．化工热力学 [M]. 北京：化学工业出版社，1981.

[3] 朱炳辰主编．无机化工反应工程 [M]. 北京：化学工业出版社，1981.

[4] 丁百全等．无机化工实验 [M]. 上海：华东化工学院出版社，1991.

[5] 陈尊庆．气相色谱法与气液平衡研究 [M]. 天津：天津大学出版社，1991.

[6] 郝妙莉．化学工程实验 [M]. 西安：西安交通大学出版社，2014.

[7] 陈新志，蔡振云，夏薇．化工热力学习题精解 [M]. 北京：科学出版社，2012.

[8] 陈新志，蔡振云，钱超．化工热力学 [M]. 第 4 版．北京：科学出版社，2015.

[9] 蒋登高，张秋红．维里系数的预测 [J]. 郑州工学院学报，1992，13（3）：71-76.

[10] 顾菲菲．二元混合气体热力学性质计算及编程模拟 [D]. 嘉兴：嘉兴学院，2014.

[11] 王军，李振．极性物系多组分分离泡点计算 [J]. 齐鲁石油化工，1999，3：208-209，221.

[12] 蔡振云．ThermalCal 软件．浙江大学化学与生物工程系．www. cipedu. com. cn.

[13] 严铭卿．液化石油气露点的直接计算 [J]　．煤气与热力，1998，18（3）：20-23.

[14] 李会荣，程时劲，江阳，安从俊，宋昭华．一种快速调整双液系溶液的方法 [J]. 大学化学，2014，29（4）：40-42.

[15] 童景山．流体的热物理性质 [M]. 北京：中国石化出版社，1996.

[16]《化学工程手册》编辑委员会．化学工程手册 [M]. 北京：化学工业出版社，1989.

[17] 于碧涌，焦文玲，王烜．液化石油气露点计算的程序设计 [J]. 煤气与热力，2005，25（6）：34-37.

[18] 王聪玲，楼台芳，刘馨，马海瑛．环己烷-乙醇体系活度系数的测定 [J]. 大学化学，2005，20（1）：39-42.

[19] 张吉瑞，张瑞芬．含缔合组分体系的汽液相平衡模型 [J]. 天然气化工，1988，1：58-65.

[20] 彭勇，梁菊，平丽娟，毛建卫，朱虹．缔合体系汽-液平衡数据的热力学一致性检验 [J]　．石油学报，2009，25（5）：717-724.

[21] 冯红艳．化学工程实验 [M]. 合肥：中国科学技术大学出版社，2014.

[22]《煤气设计手册》编写组．煤气设计手册（上）[M]. 北京：中国建筑工业出版社，1983.

模块3 化学反应工程实验

3.1 概 述

3.1.1 课程性质、地位及作用

化学反应工程包含的学科知识领域内容广泛，是一门理论与实践结合极强的系统学科，在课程教学内容中包含大量的设备结构、性能以及与操作相关联的具体细节。无论是进行本学科的应用基础研究还是产品技术开发研究，都需要从实验室开始，对书本中的基本理论进行消化和理解，对化工过程的规律进行发现和总结，对工业设计数据进行实验求证。解决实际问题的基本能力和创新素养也必须在实验室里得到培养和锻炼。实验室反应的工业开发生产以及工业反应器的设计等一系列重要的化学工程问题都离不开它的指导。它是研究过程工业中生产过程、生产装置、工艺技术规律等诸多专业的必修课程。

3.1.2 基本内容

本课程以工业反应过程为主要研究对象，从应用的角度和反应器设计与分析的需要出发，阐明化学反应工程的基本原理和研究方法，研究过程速率及其变化规律、传递规律及其对化学反应的影响，针对此类内容设计了单釜及三釜的返混实验测定、从均相体系到多相体系，循序渐进。设计了非均相的气固鼓泡床反应器中的气含率测定实验。另外，以基础理论为依据，开设了乙苯脱氢与产物分离实验以及均相反应多功能实验二个综合项目。

3.1.3 主要实验仪器与设备名称

单釜及三釜连续流动全混流反应器返混实验测定、鼓泡床反应器气含率的测定、乙苯脱氢制苯乙烯装置及均相反应多功能实验装置。

3.2 实验部分

实验1 连续流动反应器中的返混测定

【实验目的】

本实验通过脉冲示踪法，分别测定单釜与三釜串联全混流式反应器中停留时间分布情况，通过测量数据使用多釜串联模型来描述单釜及三釜反应器中的返混程度，进而确定限制返混的有效措施。

（1）掌握停留时间分布的实验测定方法。

（2）了解停留时间分布与多釜串联模型的关系。

（3）了解模型参数 N 的物理意义及计算方法。

【实验原理】

在连续流动的反应器内，必然存在返混，而返混程度将影响反应器的反应效果。返混程度是一个随机变量，难以直接测定，所以一般利用物料停留时间分布来测定。然而我们发现，测定不同反应器的停留时间分布时，即使是相同的停留时间分布也可以有不同的返混情况，因此不能用停留时间分布的数据直接表示返混程度，需要借助数学模型来表达。

物料在反应器内的停留时间，须要用概率分布的方法来定量描述。所用的概率分布函数有两种，即停留时间分布密度函数 $f(t)$ 和停留时间分布函数 $F(t)$。停留时间分布的测定方法主要有脉冲示踪法和阶跃示踪法等，常用的是脉冲法，其方法为先让系统达到稳定运行，然后在系统的入口处当 $t=0$ 时，瞬间注入一定量的示踪剂，同时在出口流体中检测示踪剂随时间的浓度变化曲线。停留时间分布密度函数 $f(t)$ 的物理意义是：同时进入的 N 个流体粒子中，停留时间介于 t 到 $t+\mathrm{d}t$ 的流体粒子所占的百分率 $\mathrm{d}N/N$ 为 $f(t)\mathrm{d}t\mathrm{d}t$。停留时间分布函数 $F(t)$ 的物理意义是：流过系统的物料中停留时间小于 t 的物料分率。

由停留时间分布密度函数的物理含义，可知

$$f(t)\mathrm{d}t=VC(t)\mathrm{d}t/Q \tag{3-1}$$

$$Q=\int_0^{\infty}VC(t)\mathrm{d}t \tag{3-2}$$

所以

$$f(t)=\frac{VC(t)}{\int_0^{\infty}VC(t)\mathrm{d}t}=\frac{C(t)}{\int_0^{\infty}C(t)\mathrm{d}t} \tag{3-3}$$

由此可见，停留时间分布 $f(t)$ 与示踪剂浓度 $C(t)$ 成正比。本实验中，采用水作为连续流动的物料，以饱和氯化钾溶液作为示踪剂，同时在反应器出口处检测电导率。利用浓度与电导率成正比的关系，来表达物料的停留时间变化关系，即 $f(t)\propto L(t)$，这里 $L(t)=L_{\mathrm{t}}-L_{\infty}$，$L_{\mathrm{t}}$为 t 时刻的电导值，L_{∞}为无示踪剂时电导值。

停留时间分布密度函数 $f(t)$ 在概率论中有平均停留时间（数学期望）$\bar{t}$和方差 σ_t^2二个特征值。

$\bar{t}$ 的表达式为：

$$\bar{t}=\int_0^{\infty}tf(t)\mathrm{d}t=\frac{\int_0^{\infty}tC(t)\mathrm{d}t}{\int_0^{\infty}C(t)\mathrm{d}t} \tag{3-4}$$

采用离散形式表达，并取相同时间间隔 Δt，则：

$$\bar{t}=\frac{\sum tC(t)\Delta t}{\sum C(t)\Delta t}=\frac{\sum tL(t)}{\sum L(t)} \tag{3-5}$$

σ_t^2 的表达式为：

$$\sigma_t^2=\int_0^{\infty}(t-\bar{t})^2 f(t)\mathrm{d}t=\int_0^{\infty}t^2 f(t)\mathrm{d}t-\bar{t}^2 \tag{3-6}$$

也用离散形式表达，并取相同 Δt，则：

$$\sigma_t^2=\frac{\sum t^2 C(t)}{\sum C(t)}-(\bar{t})^2=\frac{\sum t^2 L(t)}{\sum L(t)}-\bar{t}^2 \tag{3-7}$$

若用无因次对比时间 θ 来表示，即 $\theta=t/\bar{t}$，

无因次方差 $\sigma_\theta^2=\sigma_t^2/\bar{t}^2$。

在测定了反应体系的停留时间分布后，采用多釜串联模型来描述其返混程度。

多釜串联模型假定串联的每个反应器均为全混釜，且各反应器之间不存在返混，每个全混釜体积相同，则可以推导出停留时间分布函数关系，并得到它们的关系：

$$n=\frac{1}{\sigma_\theta^2} \tag{3-8}$$

当 $n=1$，$\sigma_\theta^2=1$，为全混釜特征；

当 $n\rightarrow\infty$，$\sigma_\theta^2\rightarrow 0$，为平推流特征。

这里 n 是模型参数，是个虚拟釜数，并不限于整数。

【预习与思考】

① 为什么说返混与停留时间分布不是一一对应的？为什么可以通过测定停留时间分布来研究返混呢？

② 测定停留时间分布的方法有哪些？本实验采用哪种方法？

③ 何谓返混？返混的起因是什么？限制返混的措施有哪些？

④ 何谓示踪剂？有何要求？本实验用什么作示踪剂？

⑤ 模型参数与实验中反应釜的个数有何不同？为什么？

【实验装置与流程】

实验装置如图 3-1 所示，体系分为单釜和三釜串联二个系统。三釜串联反应体系中每个釜的体积均为 0.8L，而单釜反应器体积为 2.4L。实验时，总的入水分为两条支路，分别从转子流量计流入系统，当体系稳定运行以后，分别在入口处快速注入示踪剂，同时跟踪出口处电导电极，检测示踪剂浓度变化。

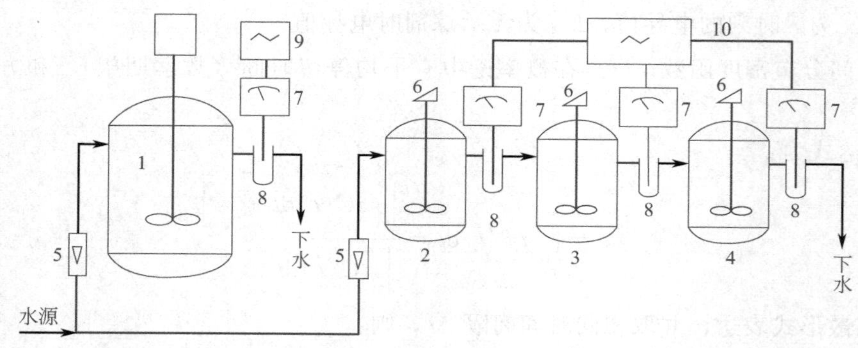

图 3-1 连续流动反应器返混实验装置图

1—全混釜（2.4L）；2～4—全混釜（0.8）；5—转子流量计；6—电机；7—电导率仪；8—电导电极；9,10—记录仪

【实验步骤及方法】

① 开总水阀通水，调节进水流量为 15L/h，让水注满反应釜。

② 开启电源。调节搅拌装置，转速应大于 300r/min。

③ 配制饱和氯化钾溶液。

④ 用注射器迅速注入示踪剂，开始注入示踪剂的同时开始计时，单釜注入 5mL，三釜注入 3mL。

⑤ 当记录仪上显示的浓度在 2min 内觉察不到变化时，即认为终点已到。

⑥ 关闭仪器，电源，水源，排清釜中料液，实验结束。

【实验数据处理】

根据实验数据，画出单釜与三釜的停留时间分布曲线；再由式(3-5)、式(3-7) 分别计算出各自的无因次方差 $\sigma_\theta^2=\sigma_t^2/\bar{t}^2$。通过多釜串联模型公式(3-8)，求出相应的模型参数 N，由 N 的大小确定单釜和三釜系统的两种返混程度。

若采用微机数据采集与分析处理系统，则可直接由电导率仪输出信号至计算机，由计算机负责数据采集与分析，在显示器上画出停留时间分布动态曲线图，并在实验结束后自动计算平均停留时间、方差和模型参数。停留时间分布曲线图与相应数据均可方便地保存或打印输出，减少了手工计算的工作量。

【结果与讨论】

① 计算出单釜与三釜系统的平均停留时间 $\bar{t}$，并与理论值比较，分析偏差原因。

② 计算模型参数 N，讨论二种系统的返混程度大小。

③ 讨论一下如何限制返混或加大返混程度。

【主要符号说明】

$C(t)$——t 时刻反应器内示踪剂浓度；

$f(t)$——停留时间分布密度；

$F(t)$——停留时间分布函数；

L_t，L_∞，$L(t)$——液体的电导值；

N——模型参数；

t——时间；

v——液体体积流量；

$\bar{t}$——数学期望，或平均停留时间；

σ_t^2，σ_θ^2——方差；

θ——无因次时间。

实验 2 鼓泡反应器中汽泡比表面及气含率的测定

气液鼓泡反应器中判断流动状态、传质效率的重要参数是气泡比表面和气含率。气含率是决定气泡比表面的重要参数，其含义为鼓泡床反应器中气相的体积分率，其测定的方法很多，如体积法、重量法、光学法等。另一个参数气泡比表面的测定方法有物理法、化学法等，可以直接应用。

【实验目的】

① 掌握静压法测定气含率的原理与方法。

② 掌握气液鼓泡反应器的操作方法。

③ 了解气泡比表面的确定方法。

【实验原理】

(1) 气含率　气含率是决定气泡比表面的重要参数，非均相反应发生时，气含率直接影响气液接触面积，而面积则影响到传质的速率及宏观反应速率，测定气含率的方法中静压法是比较精确的一种，基本原理是由反应器内的伯努利方程得到的，根据伯努利方程有：

$$\varepsilon_G = 1 + \left(\frac{g_c}{\rho_L g}\right)\left(\frac{\mathrm{d}p}{\mathrm{d}H}\right) \tag{3-9}$$

采用U形压差计测量时，两测压点平均气含率为：

$$\varepsilon_G = \frac{\Delta h}{H} \tag{3-10}$$

当改变气液鼓泡反应器的空塔气速，气含率 ε_G 也会发生变化，关系如下：

$$\varepsilon_G \propto u_G^n \tag{3-11}$$

n 值取决于流动状况。n 值在0.7～1.2之间则为安静鼓泡流；n 为0.4～0.7则为湍动鼓泡流或过渡流区。假设

$$\varepsilon_G = k u_G^n \tag{3-12}$$

则

$$\lg\varepsilon_G = \lg k + n\lg u_G \tag{3-13}$$

改变气速下得到气含率数据，以 $\lg\varepsilon_G$ 对 $\lg u_G$ 作图标绘，或用最小二乘法拟合数据，即可得到关系式中的参数 k 和 n。

(2) 气泡比表面　气泡比表面（a）也称气液接触面积，是气液鼓泡反应器很重要的参数之一。其意义是指单位液相体积的相界面积，可以用平均气泡直径 d_{us} 与相应的气含率 ε_G 计算：

$$a = \frac{6\varepsilon_G}{d_{us}} \tag{3-14}$$

Gestrich 得到了计算 a 值的公式：

$$a = 2600\left(\frac{H_0}{D}\right)^{0.3} K^{0.003}\varepsilon_G \tag{3-15}$$

方程式适用范围：$u_G \leqslant 0.60\text{m/s}$

$$2.2 \leqslant \frac{H_0}{D} \leqslant 24$$

$$5.7\times10^5 \leqslant K < 10^{11}\text{。}$$

因此，在一定的气速 u_G 下，测定反应器的气含率 ε_G 数据，就可以间接得到气泡比表面 a。Gestrich 经大量数据比较，其计算偏差在±15%之内。

【预习与思考】

① 试叙述静压法测定气含率的基本原理。

② 气含率与那些因素有关?

③ 气液鼓泡反应区内流动区域是如何划分的?

④ 如何获得反应器内气泡比表面 a 的值。

【实验装置与流程】

图 3-2 为鼓泡反应器气泡比表面及气含率测定实验装置。实验室气液相鼓泡反应器直径 ϕ200mm，高 H 为 2.5m，气体分布器有若干小孔，以便使气体达到一定的小孔气速。反应器采用有机玻璃管，便于观察。壁上开有 4 个小孔与 U 形管压力计相接，用于测量压差。

经空气压缩机来的空气，通过转子流量计，进入鼓泡反应器；反应器预先装水，水位略高于第一个 U 形管压差计；气体进入后使床层膨胀，记下各点压力差数值。改变 8 个气速得到 8 个床层气含率。

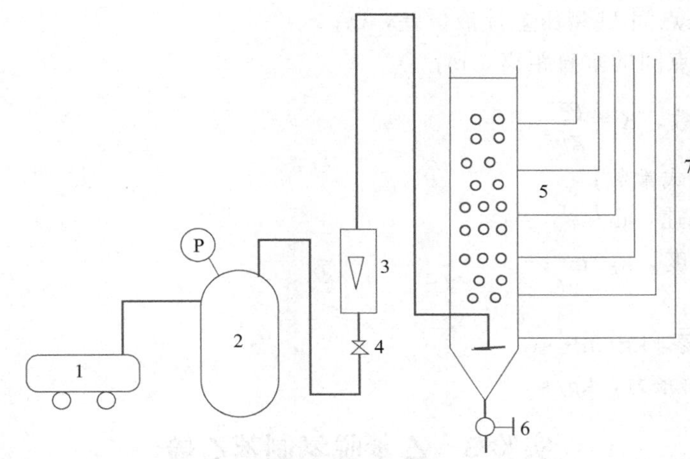

图 3-2　鼓泡反应器气泡比表面及气含率测定实验装置

1—空压机；2—缓冲罐；3—流量计；4—调节阀；5—反应器；6—放料口；7—压差计

【实验步骤及方法】

① 将清水加入反应器床层中，至一定刻度（2m 处）。

② 检查 U 形压力计中液位在一个水平面上，防止有气泡存在。

③ 调节转子流量计，通过空气压缩机开始鼓泡，并逐渐调节流量值。

④ 观察床层气液两相流动状态。

⑤ 稳定后记录各点 U 形压力计刻度值。

⑥ 改变气体流量，重复上述操作（可做 8～10 个条件）。

⑦ 关闭气源，将反应器内清水放尽。

【实验数据处理】

气体流量可在空塔气速 0.05～0.50m/s 中选取 8～10 个实验点。

① 求出 k 与 n。通过每组实验点的气速 u_G 及 U 形管压差计高度值，分别求出四个 U 形管压差计的三段压差，三段压差取平均值即为全塔的平均气含率；用双对数坐标纸作图，或用最小二乘法拟合，可以得到参数 k 与 n。

② 计算不同气速下的气泡比表面 a。利用式(3-15) 计算不同气速 u_G 下的气泡比表面 a，并在双对数坐标纸上绘出 a 与 u_G 的关系曲线。

【结果及讨论】

① 分析气液鼓泡反应器内流动状态的变化。

② 根据实验结果讨论 ε_G 与 u_G 关系，并分析实验误差。

③ 由计算结果分析气泡比表面与 u_G 的变化关系。

【主要符号说明】

a——气泡比表面，m^2/m^3；

d_{us}——气泡平均直径，m；

D——塔直径，m；

g_c——转换因子；

H_0——静液层高度，m；

Δh——两测压点间 U 型压差计液位差，m；

H——两测压点间的垂直距离，m；

K——液体模数，$K=\dfrac{\rho\sigma^3}{g\mu^4}$；

k，n——关联式常数；

u_G——空塔气速，m/s；

ρ_L——液体密度，kg/m^3；

ε_G——气含率；

μ——液体黏度，kg/m·s；

σ——液体表面张力，kg/s^2。

实验 3　乙苯脱氢制苯乙烯

【实验目的】

① 了解以乙苯为原料，氧化铁系为催化剂，在固定床单管反应器中制备苯乙烯的过程。

② 学会稳定工艺操作条件的方法。

【实验原理】

(1) 本实验的主副反应

主反应：

$$C_6H_5-CH_2-CH_3 \longrightarrow C_6H_5-CH{=}CH_2 + H_2 \qquad 117.8kJ/mol$$

副反应：

$$C_6H_5-C_2H_5 \longrightarrow C_6H_6 + C_2H_4 \qquad 105kJ/mol$$

$$C_6H_5-C_2H_5 + H_2 \longrightarrow C_6H_6 + C_2H_6 \qquad -31.5kJ/mol$$

$$C_6H_5-C_2H_5 + H_2 \longrightarrow C_6H_5-CH_3 + CH_4 \qquad -54.4kJ/mol$$

在水蒸气存在的条件下，还可能发生下列反应：

$$C_6H_5-C_2H_5 + 2H_2O \longrightarrow C_6H_5-CH_3 + CO_2 + 3H_2$$

此外还有芳烃脱氢缩合，苯乙烯聚合生成焦油和焦等副反应。这些连串副反应的发生不仅使反应的选择性下降，而且极易使催化剂表面结焦，活性下降。

（2）影响本反应的因素

① 温度的影响　乙苯脱氢反应为吸热反应，$\Delta H^{\ominus}>0$。从平衡常数与温度的关系式 $\left(\frac{\partial \ln K_P}{\partial T}\right)_P=\frac{\Delta H^{\ominus}}{RT^2}$ 可知，提高温度进而可增大平衡常数，提高脱氢反应的平衡转化率。但是如果温度过高则会导致副反应加剧，使得苯乙烯的选择性下降，且增加温度增大能耗，同时对设备材质要求更为严格，故反应温度应适宜。本实验的反应温度范围为540～600℃。

② 压力的影响　乙苯脱氢为体积增加的反应，从平衡常数与压力的关系式 $K_P=K_n\left(\frac{P_{总}}{\sum n_i}\right)^{\Delta\gamma}$ 可知，降低压力有利于平衡反应向脱氢的方向移动。本实验中，加水蒸气的目的就是降低乙苯的分压，进而增加平衡转化率。水蒸气用量为：水∶乙苯＝1.5∶1（体积比）或＝8∶1（摩尔比）。

③ 空速的影响　由于反应系统中有平衡副反应和连串副反应，所以随着接触时间的增加，副反应也会增加，苯乙烯的选择性可能下降，本实验中采用乙苯的液空速为 $0.6h^{-1}$。

④ 催化剂　本实验采用氧化铁系催化剂其组成为：$Fe_2O_3-CuO-K_2O_3-CeO_2$。

【预习与思考】

① 本实验中，主反应是吸热反应还是放热反应？如何判断？如果是吸热反应，则反应温度为多少？实验室是如何来实现的？工业上又是如何来实现的？

② 对本反应而言，是体积增大还是减小？加压有利还是减压有利？工业上是如何来实现加减压操作的？本实验采用什么方法？为什么加入水蒸气可以降低烃分压？

③ 在本实验中，你认为有哪几种液体产物生成？哪几种气体产物生成？如何分析？

④ 进行反应物料衡算，需要一些什么数据？如何搜集并进行处理？

【实验装置及流程】

实验装置见图3-3。

【实验步骤与方法】

（1）反应条件控制　预热器的汽化温度300℃，脱氢反应温度540～600℃之间，由学生自行选择，乙苯加料0.5mL/min，蒸馏水0.75mL/min（50mL催化剂）。

（2）操作步骤

① 熟悉整个实验装置及流程，搞清物料的走向。

② 接通电源，使汽化器、反应器分别逐步升温至预定的温度，同时打开冷却水。

③ 控制蒸馏水和乙苯的流量（分别为0.75mL/min和0.5mL/min）。

④ 当汽化器温度达到设定温度以后，反应器温度400℃左右，加入蒸馏水。当反应温度升至500℃左右，加入乙苯，继续升温至所选温度，并稳定半小时。

⑤ 反应开始后每隔10～20min取一次数据，每个温度至少取两个数据，将粗产品从油水分离器中分离至量筒内。然后用分液漏斗去除水层，称重。

⑥ 反应结束后，先停乙苯。维持反应温度500℃左右，继续通水蒸气，使催化剂的清焦再生，大约半小时后停止通水，并降温。

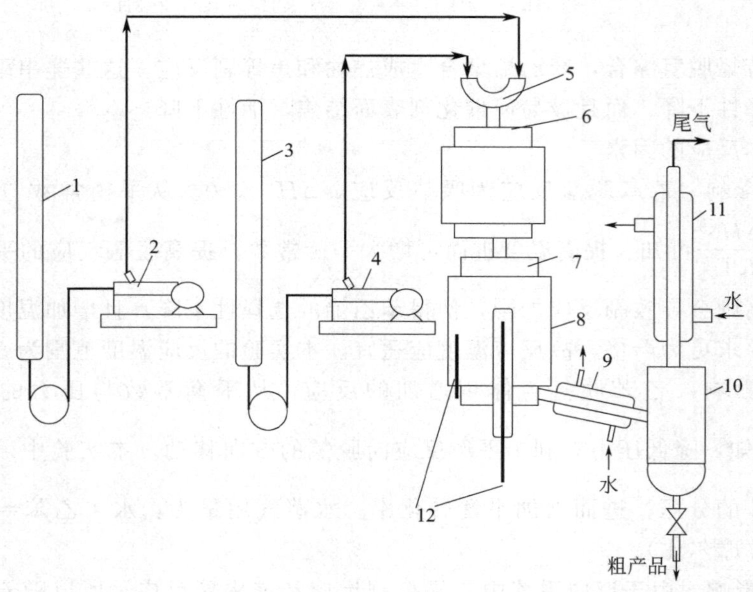

图 3-3　乙苯脱氢制苯乙烯工艺实验流程图

1—乙苯计量管；2,4—加料泵；3—水计量管；5—混合器；6—汽化器；7—反应器；8—电热夹套；9,11—冷凝器；10—分离器；12—热电偶

⑦ 反应结束后，停止加乙苯。反应温度维持在500℃左右，继续通水蒸气，进行催化剂的清焦再生，约半小时后停止通水，并降温。

(3) 实验记录及计算

乙苯的转化率：　$\alpha=\dfrac{RF}{FF}\times100\%$

苯乙烯的选择性：　$S=\dfrac{P}{RF}\times100\%$

苯乙烯的收率：　$Y=\alpha S\times100\%$

【结果与讨论】

对实验所得数据进行处理，分别计算转化率、选择性及收率，找出最适反应温度，并对所得实验结果进行讨论（包括曲线图趋势的合理性，误差分析，成败原因等）。

【符号说明】

$\Delta H^{\ominus}_{298}$——298K下标准热焓，kJ/mol；

K_P，K_n——平衡常数；

n_i——i组分的摩尔数；

$P_{总}$——压力，Pa；

R——气体常数；

T——温度，K；

$\Delta\gamma$——反应前后摩尔数变化；

α——原料的转化率，%；

S——目的产物的选择性，%；

Y——目的产物的收率，%；

RF——消耗的原料量，g；

FF——原料加入量，g；

P——目的产物的量，g。

实验 4　均相反应过程多功能实验

【实验目的】

均相反应过程多功能实验装置主要由一个全混釜式反应器、一个低混釜式反应器以及一个管式反应器组成。通过实验加深对釜式与管式反应器特性的了解。

【实验原理】

实验采用阶跃示踪法。即当流体定态流动后，自某瞬间起，开始计时，连续而稳定地加入示踪剂，然后分析出口流体中示踪剂浓度随时间的变化，进而确定停留时间分布。实验的具体方法见图 3-4(a)，物料以稳定地体积流量 V 通过体积为 V_R 的反应器，从某一瞬间（即 $t=0$）开始计时，在反应器入口处连续加入示踪剂，并保持进料的体积流量不变，在出口处，跟踪示踪物浓度 c 随时间 t 的变化，得到的曲线就是停留时间分布曲线。阶跃注入与出口应答曲线示于图 3-4(b)、(c)，图中纵坐标为示踪物对比浓度 c/c_0，横坐标为时间 t。图 3-4(b) 为阶跃示踪剂注入的曲线，从 $t=0$ 时开始连续加入，即 $t=0$ 时，c/c_0 由 0 突跃至 1，此后维持 $c/c_0=1$。图 3-4(c) 则为出口应答曲线，$t=0$ 时，$c/c_0=0$，其后形成的曲线，其形状取决于反应器类型。

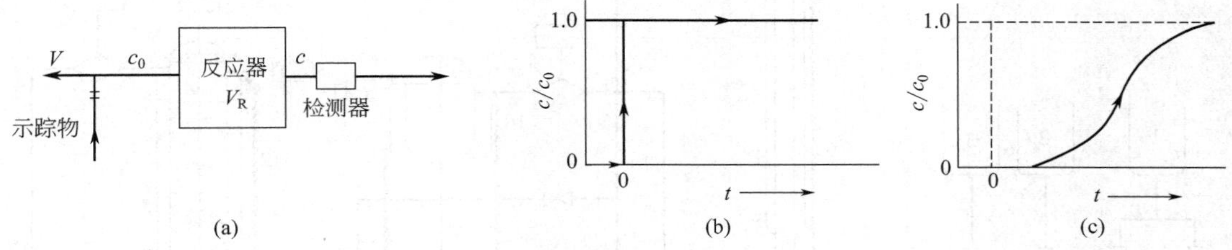

图 3-4　阶跃法测定停留时间分布

(a) 实验装置；(b) 阶跃注入曲线；(c) 出口应答曲线

【操作步骤】

(1) 准备工作

① 将水槽装满水配制 0.5mol/L NaOH 溶液，并装入原料罐中。

② 为水泵配备 18# 管，为 NaOH 溶液配备 16# 管，并连接好管线。

③ 开电源开关，只打开阀 13、14，该两阀为常开阀，实验过程保持常开。

④ 检查电极导线连接是否正确。

(2) 操作

① 点击“均相反应实验装置”图标，再点击“混合性能测定实验”，进入工艺流程界面，并右击泵设置处设置水泵用 18# 管，NaOH 溶液用 16# 管，电磁阀控制转化开关调成自动。

② 点击“实时采集”，再点击“开始实验”，设置采集点时间间隔为 3s；选“全混釜反应器”，采集时间为 100min（可自己定时）。第一步，选择“仅水”，然后在流量范围内

选定流量值（600～800mL/min），本实验选择800mL/min；第二步，选择“水＋NaOH”，然后在两者流量范围内选定流量，但两者流量之和等于第一步水流量，本实验选择750mL/min水＋50mL/min NaOH，最后点击“确定”。与此同时，搅拌机搅拌速度控制在300～500r/min。

③ 点击“确定”之后，即出现第一步的电导率和电导变率趋势图，待曲线走平后，点击“下一步”，即进行第二步的实验过程。同样待曲线走平后，便可停止实验，点击“保存数据”保存数据文件。

④ 改变流量，可进行多组实验，得到相似曲线图。但注意，每次实验后，开始新实验的第一步时，不需放液，直接进水进行釜内溶液置换，待曲线在水电导率值附近走平后，即可点击“下一步”进行第二步实验，结束后保存数据。

(3) 停车

① 实验完毕，电磁阀控制转化开关调成手动，将按钮恢复未操作状态，将水槽和原料槽中剩余水和NaOH排空，并关闭设备电源开关。

② 退出实验程序，关闭计算机。

(4) 曲线图

【实验装置及流程】

见图3-5。

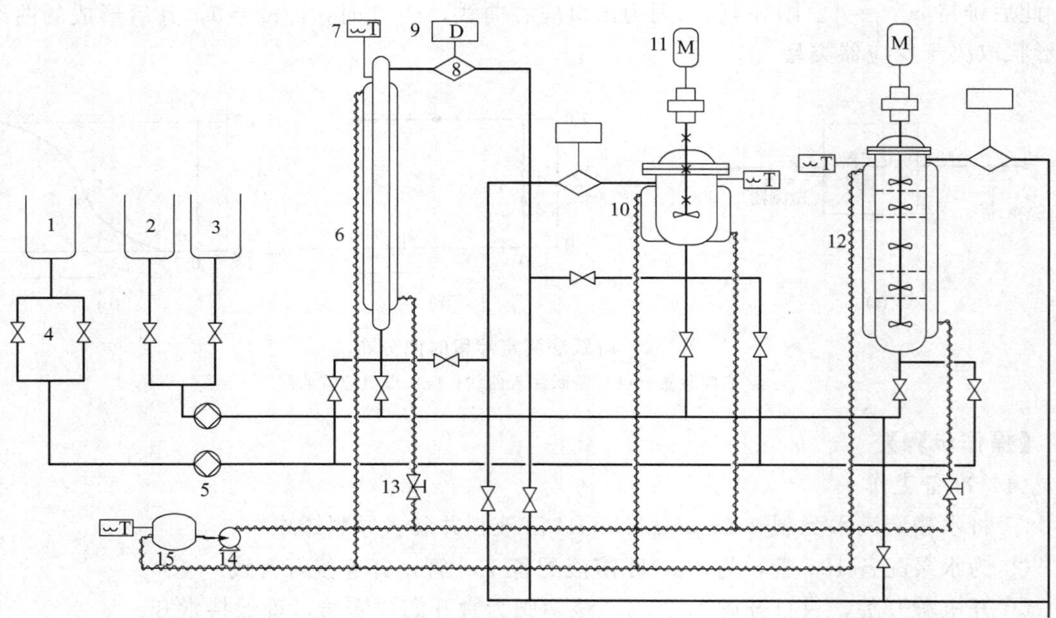

图3-5　均相反应实验流程

1—NaOH槽；2—乙酸乙酯槽；3—水槽；4—电磁阀；5—蠕动泵；6—管式反应器；7—热电偶；8—电导槽；9—电导仪；10—釜式反应器；11—搅拌电机；12—塔式反应器；13—手动调节阀；14—离心泵；15—恒温水浴箱

【设备维护及故障处理】

① 长时间不用该设备应放置在干燥的地方，还应定期开启设备并维持一定时间操作，以防止仪器受潮。

② 开启电源总开关，指示灯不亮或分电源无电，保险坏或有断路现象应查之。

③ 搅拌马达有异常声音，应检查搅拌轴是否处于合适位置，重新调整后可以达到正常。

④ 开启电磁阀开关，指示灯亮，单从计算机内控制电磁阀不启动，电磁阀坏或控制电路或软件出现问题。

⑤ 各电磁阀上的指示灯可显示电磁阀是否打开，灯亮代表电磁阀开，灯灭代表电磁阀关。手动调节阀也属于电磁阀，在实验过程中始终保持打开状态。

【结果与讨论】

对实验所得数据进行处理，画出阶跃示踪法所得的 $F(t)$ 曲线图，并对所得实验结果进行讨论。

【预习与思考】

① 脉冲示踪法和阶跃示踪法两者的区别在哪里？

② 脉冲示踪法的物理含义是什么？定义是什么？概率分布函数是什么？

实验5 组合式反应器返混性能测试实验

【实验目的】

组合式反应器返混性能测定主要针对一个全混釜式反应器、一个低混釜式反应器以及一个管式反应器的组合使用，通过实验加深对组合式反应器特性的了解。

【实验原理】

物料在反应器内的停留时间属于随机过程，要用概率分布方法来定量进行描述。所用的概率分布函数有两个，分别是停留时间分布密度函数 $f(t)$ 和停留时间分布函数 $F(t)$。停留时间分布密度函数 $f(t)$ 的物理意义是：同时进入的 N 个流体粒子中，停留时间介于 t～$t+\mathrm{d}t$ 的流体粒子所占的百分率 $\mathrm{d}N/N$ 为 $f(t)\mathrm{d}t$。而停留时间分布函数 $F(t)$ 的物理意义则是：停留时间小于 t 的物料的分率。

平均停留时间 $\bar{t}$ 的表达式为：

$$\bar{t}=\int_0^{\infty} t f(t)\mathrm{d}t=\frac{\int_0^{\infty} tC(t)\mathrm{d}t}{\int_0^{\infty} C(t)\mathrm{d}t}$$

t 时刻的方差 σ_t^2 的表达式为：

$$\sigma_t^2=\int_0^{\infty}(t-\bar{t})^2 f(t)\mathrm{d}t=\int_0^{\infty} t^2 f(t)\mathrm{d}t-\bar{t}^2$$

无因次方差 $\sigma_\theta^2=\sigma_t^2/\bar{t}^2$。

$$n=\frac{1}{\sigma_\theta^2}$$

当 $n=1$，$\sigma_\theta^2=1$，为全混釜特征；

当 $n\to\infty$，$\sigma_\theta^2\to 0$，为平推流特征。

这里 n 是模型参数，是个虚拟釜数，并不限于整数。

【操作步骤】

(1) 准备工作

① 将水槽装满水配制 0.5mol/L NaOH 溶液，并装入原料罐中。

② 为水泵配备 18# 管，为 NaOH 溶液配备 16# 管，并连接好管线。

③ 开电源开关，打开手动调节阀，实验过程中手动调节阀始终保持打开状态。根据需要再打开对应管路的其他电磁阀。

④ 检查电极导线连接是否正确。

(2) 操 作

① 点击“均相反应实验装置”图标，再点击“混合性能测定实验”，进入工艺流程界面，并右击泵设置处设置水泵用 18# 管，NaOH 溶液用 16# 管，电磁阀控制转化开关调成自动。

② 点击“实时采集”，再点击“开始实验”，设置采集点时间间隔为 3s；选“全混釜反应器＋管式反应器”，采集时间为 100 min。第一步，选择“仅水”，然后在流量范围内选定流量值，本实验选择 800mL/min；第二步，选择“水＋NaOH”，然后在两者流量范围内选定流量，但两者流量之和等于第一步水流量，本实验选择 750mL/min 水＋50mL/min NaOH，最后点击“确定”。与此同时，搅拌机搅拌速度控制在 300～500r/min。

③ 点击“确定”之后，即出现第一步的电导率和电导变率趋势图，待曲线走平后，点击“下一步”，即进行第二步的实验过程。同样待曲线走平后，便可停止实验，点击“保存数据”保存数据文件。

④ 改变流量，可进行多组实验，得到相似曲线图。但注意，每次实验后，开始新实验的第一步时，不需放液，直接进水进行釜内溶液置换，待曲线在水电导率值附近走平后，即可点击“下一步”进行第二步实验，结束后保存数据。

(3) 停车

① 实验完毕，电磁阀控制转化开关调成手动，将按钮恢复未操作状态，将水槽和原料槽中剩余水和 NaOH 排空，并关闭设备电源开关。

② 退出实验程序，关闭计算。

③ 曲线图。

【实验装置参数】

① 反应器

一个不锈钢全混釜式反应器：$\phi 80\times 180$mm

一个不锈钢低混釜式反应器：$\phi 70\times 360$mm

一个不锈钢管式反应器：$\phi 27\times 800$mm

② 电导率仪数字显示，485 通信接口转换，自动数据处理与屏幕显示实验曲线、数据。

③ 两个蠕动泵：1～240mL/min，带 485 通信接口，可计算机控制流量数据。

④ 进料流量，1～100mL/min；搅拌转速，60～360r/min；循环水温度，室温约 60℃。

【结果与讨论】

对实验所得数据进行处理，画出组合反应器的 $F(t)$ 曲线图，并对所得实验结果进行讨论，并与单独的 $F(t)$ 曲线进行比较。

【预习与思考】

① 全混釜反应器的返混为多少？平推流反应器的返混为多少？

② 如何降低返混？

③ 组合式反应器返混介于多少到多少之间？

实验6 乙酸乙酯水解实验

【实验目的】

在给定搅拌马达转数和液体流量的条件下，通过电导率仪测定反应物电导率值随时间变化曲线，再通过计算证明返混对釜式反应器以及典型二级反应——乙酸乙酯水解反应的影响。

【实验原理】

(1) 酯水解实验

① 稳定条件下，根据流通式全混釜反应器的物料衡算方程式：

$$v_0 C_{A0} - v_0 = V(-r_A)$$

或

$$(-r_A) = \frac{v_0}{V}(C_{A0} - C_A) = \frac{C_{A0}}{\tau_m}\left(1 - \frac{C_A}{C_{A0}}\right) \tag{3-16}$$

对乙酸乙酯水解反应：

$$\underset{(A)}{OH^-} + \underset{(B)}{CH_3COOC_2H_5} \xrightarrow{k} \underset{(C)}{CH_3COO^-} + \underset{(D)}{C_2H_5OH} \tag{3-17}$$

当初始浓度 $C_{A0} = C_{B0}$，且在等分子流量的条件下进料时，其反应速度 $(-r_A)$ 可表示如下：

$$(-r_A) = kC_A^L C_B^L = kC_A^n = C_{A0}^n k \left(\frac{C_A}{C_{A0}}\right) n \tag{3-18}$$

$$或\ \ln(-r_A) = \ln C_{A0}^n k + n \ln \frac{C_A}{C_{A0}} \tag{3-19}$$

实验测定不同 C_A 下的反应速度 $(-r_A)$，然后由式(3-19) 求出该反应的速度常数 k 和反应级数 n，将 $C_{A0}^{\infty}(L_0 - L_\infty)$，$C_A^{\infty}(L_1 - L_\infty)$，代入式(3-16)、式(3-19) 得：

$$(-r_A) = \frac{C_{A0}}{\tau_m} \times \frac{L_0 - L_1}{L_0 - L_\infty} \tag{3-20}$$

及

$$\ln(-r_A) = \ln C_{A0}^n k + n \ln \frac{L_1 - L_\infty}{L_0 - L_\infty} \tag{3-21}$$

式中 L_0、L_∞——分别为反应初始和终止时的电导率；

L_1——反应平衡时的电导率。

由测定得到的电导率的大小，通过式(3-20)、式(3-21) 便可计算相应的反应速度 $(-r_A)$，速度常数 k 及反应级数 n。

② 当已知该水解反应为二级反应，而且 $C_{A0} = C_{B0}$ 及等分子流量进料时，式(3-18) 可写成 $(-r_A) = kC_A^2$，代入式(3-16) 可求出 k：

$$k = \frac{C_{A0} - C_A}{(V/V_0)C_A^2} = \frac{C_{A0} - C_A}{\tau_m C_{A0}(C_A/C_{A0})} \tag{3-22}$$

用电导率表示浓度的大小，则式(3-20) 可写成：

$$k = \frac{(L_0 - L_1)(L_0 - L_\infty)}{\tau_m C_{A0}(L_1 - L_\infty)^2} \tag{3-23}$$

在不同的空时 τ_m 条件下，由式(3-22) 的实验原理测定相应的反应速度常数，则可以确定该反应为二级反应。

【操作步骤】

(1) 准备工作(室温:22℃)

① 分别配置 0.04moL/L NaOH 水溶液和 0.04moL/L 乙酸乙酯水溶液各 10L。

取 100mL0.04moL/L NaOH 水溶液,加入 100mL 水,混合均匀后测定 L_0 值。

取 100mL 0.04mol/L NaOH 溶液,加入 100mL 0.04mol/L 乙酸乙酯溶液,振荡,混合均匀后静置 2 h 后,测定 L_∞ 值。

② 将两个原料罐中均灌满 0.04mol/L 乙酸乙酯(左)和 0.04mol/L NaOH 溶液(右)。

③ 乙酸乙酯和 NaOH 均配备 16# 管,连接好管线。

④ 开电源开关,打开手动调节阀,实验过程中手动调节阀始终保持打开状态,根据需要再打开对应管路的其他电磁阀。

⑤ 检查电极导线连接是否正确。

(2) 操作

① 点击“均相反应实验装置”图标,再点击“酯水解实验”,进入工艺流程界面,并右击泵设置处,两泵均设置用 16# 管,电磁阀控制转化开关调成自动。

② 点击“实时采集”,在该界面输入准备工作中测得的 L_0 和 L_∞,再点击“开始实验”,设置采集点时间间隔为 3s;选“全混釜反应器”,采集时间为 180min,乙酸乙酯与 NaOH 1∶1 连续进料,即在流量设置处均设置某一流量,本实验设置 75mL/min,点击“确定”,实验开始。

③ 待实验曲线出现突变竖线后可读取停留时间,在其之后选取曲线较平稳的一段时间段,点击“平均值”,修改时间范围,读取该时间段的平均值,将上述两个取值输入界面表格中,程序便自动计算出速率常数 k 值。

④ 改变流量,测定 4~5 组 k 值进行比较(每次实验都要点击“保存数据”进行保存),若变化不大,则该水解实验是成功的,反之则需重新进行实验(该实验采用的方法是:假设已知该水解实验是二级反应,通过计算速率常数 k 值变化不大,以证明假设是正确的)。

(3) 停车

① 实验完毕,电磁阀控制转化开关调成手动,将按钮恢复未操作状态,将水槽和原料槽中剩余乙酸乙酯和 NaOH 排空,并关闭设备电源开关。

② 退出实验程序,关闭计算机。

(4) 曲线图

【实验装置及流程】(或实验装置参数)

实验装置流程图同实验 4。

【结果与讨论】

由实验结果对实验所得数据进行处理,画出乙酸乙酯水解的 $F(t)$ 曲线图,并对所得实验结果进行讨论,得出乙酸乙酯水解的动力学方程。

【预习与思考】

① 动力学方程有几种类型,分别是哪几种,其含义如何解释?

② 动力学方程如何测定?

③ 乙酸乙酯水解按照实验机理应该是一个几级反应动力学?

参 考 文 献

[1] 苗深花. 乙酸乙酯水解反应的探究 [J]. 化学教育. 2003 (11): 36-37.

[2]　陈毅贞．乙酸乙酯水解反应 [J]．实验教学与仪器．1997（10）：12-12.

[3]　孟力．乙酸乙酯水解实验的改进 [J]．化学教学．2000（11）：15-15.

[4]　陶庆满，仇晓阳．乙酸乙酯水解实验的改进 [J]．化学教学．2000（11）：15-16.

[5]　杨琼．乙酸乙酯制备实验的改进 [J]．中学化学教学参考．2000（06）：32-32.

[6]　陈甘棠主编．化学反应工程 [M]．北京：化学工业出版社，2011：30-35.

[7]　朱炳辰主编．化学反应工程 [M]．北京：化学工业出版社，2001：83-84.

[8]　冯殿义，徐波．鼓泡反应器含气率的在线测量 [J]．计量技术．2002（07）：27-28.

[9]　马奉瑞．鼓泡反应器的工艺设计 [J]．石化技术．2006（01）：23-25.

[10]　李国钟．提高鼓泡反应器的传质效率（摘译）[J]．陕西化工．1985（S1）：72-77.

[11]　Kirk-Othemer. Encyclopedia of chemical Technology [J]. Vol. 4 Vol. 21：76-77.

[12]　朱炳辰．面向21世纪《化学反应工程》教材的框架设计和内容选择 [J]．化工高等教育．2002（01）：84-86.

[13]　范明霞，袁颂东．化学反应工程重点课程建设探索与实践 [J]．广东化工．2009，36（2），111-113.

模块4　化工仪表及自动化实验

4.1 概　　述

化工仪表及自动化实验是《化工仪表及自动化》课程的一个重要组成部分，属于学科基础实验范畴。作为与相关教学内容配合的实践性教学环节，可在《化工仪表及自动化》理论课教学过程中开设。

课程的任务是使学生初步掌握自动化及仪表方面的基础知识和技能，而本实验课程基本内容就是让学生了解各类化工仪表的测量原理及应用。学生通过实验应能够掌握常用仪表的校验方法及自动化控制应用。学生们通过对实验指导书的学习及各种装置实验中的仪表的展示；通过实验教学人员的介绍，答疑以及同学的观察去认识化工常用仪表的基本结构和原理，使理论与实际对应起来，从而增强同学对化工仪表及自动化控制的感性认识。

主要实验仪器有常用传感器及仪表、弹簧管压力表、热电偶、单容液位定值控制系统。

4.2 实验部分

实验1　化工仪表认识实验

【实验目的】

① 初步了解《化工仪表及自动化》课程所研究的各种常用的结构、类型、特点及应用。

② 了解常用传感器的结构特点及应用。

③ 了解常用智能仪表的结构特点及应用。

④ 了解常用电动调节阀的结构特点及应用。

⑤ 增强对化工仪表的结构及化工过程控制的感性认识。

【实验原理】

化工仪表也称为工业自动化仪表或过程检测控制仪表，用于化工过程控制。化工仪表是对化工过程工艺参数实现检测和控制的自动化技术工具。能够实现准确而及时地检测出各种工艺参数的变化，并能控制其中的主要参数保持在给定的数值或规律，从而有效地进行生产操作和实现生产过程自动化。

化工仪表按功能可分为检测仪表、在线分析仪表和控制仪表。①检测仪表，或称化工测量仪表。能够用来检测、记录和显示化工过程参数的变化，实现对生产过程的监视和向控制系统提供信息。如温度、压力、流量和液位等。②在线分析仪表，主要用以检测、记录和显示化工过程特性参数和组分的变化，监视和控制生产过程的直接信息。③控制仪表（又称控制器或调节仪表），用以将化工过程参数保持在工业规定范围之内，或使参数按一定规律变化，从而实现对化工生产过程的控制。

化工仪表经历了从简单到复杂，从单功能到多功能的发展，从过去单参数检测发展到综合控制系统装置，从模拟式仪表发展到数字式、计算机式的智能化仪表。仪表基础器件在向高灵敏度、高精度、高稳定性、低噪声、大功率、耐高温、长寿命、耐腐蚀、小型化或微型化方向发展。仪表的结构向模件化、灵巧化等方向发展；化工仪表正在加强向激光、光导纤维、晶体超声、微波、热辐射、核磁共振、流体动力等多种新技术、新材料和新工艺向检测及传感器领域的渗透。这将使化工仪表实现进入多学科发展的新阶段。

【实验装置】

常用传感器及仪表。学生们通过对实验指导书的学习及各种仪表的展示，实验教学人员的介绍，答疑及同学的观察去认识化工常用仪表的基本结构和原理，使理论与实际对应起来，从而增强同学对化工仪表的感性认识。并通过展示的传感器与变送、控制仪表和执行机构等，使学生们清楚知道化工过程控制的基本组成要素—化工仪表。

【实验内容】

(1) 流量、液位、压力、温度的检测和变送　流量、液位、压力、温度的检测和变送属于检测仪表，是检测仪表中最常用的几种，其主要作用是获取信息，并进行适当的转换。基本要求是了解基本工作原理，认识常用检测仪表并了解基本参数及使用方法。

① 温度的检测及变送：通过实验教学人员对常见热电偶、热电阻及、温度变送器实物的介绍，了解常用温度测量的方法。

② 压力检测及变送：通过实验教学人员对弹簧管式压力表及扩散硅压力传感器变送器的介绍，了解扩散硅压力传感器变送器的主要参数和使用方法。

③ 流量检测及变送：观察实验装置上的蜗轮流量传感器和电磁流量变送器及流量积算仪。通过实验教学人员的介绍，了解基本工作原理和使用方法。

④ 料位的检测及变送：本实验装置采用压差式物位测量，通过实验教学人员介绍，了解其选型和使用方法。

(2) 显示、控制仪表　通过观看弹簧管式压力表内部结构，了解弹簧管式压力表工作原理；通过实验指导教师对智能仪表内部结构的介绍，了解电动单元组合仪表和智能仪表的工作原理；同时根据实验指导老师的介绍，对化工过程控制常用控制器（调节器）的发展有一基本的了解。

(3) 执行器　工业中常用的执行器有气动阀和电动阀等。电动阀因具有节能方便的特点，正越来越多地应用于各种工业生产领域。

执行器由执行机构和控制机构组成，接受控制器或计算机的控制信号，用来改变被控介质的流量，使被控参数维持在工业所要求的范围内，从而达到过程控制的自动化目的。

通过实验教师讲解，了解执行器的基本结构。

【分析】

总结实验中所涉及的技术内容，谈谈自己的感想。

【原始数据记录表】

记录所观看常用化工仪表的铭牌，画图说明基本工作原理，了解基本参数及使用方法。

【讨论题】

① 简述化工仪表自动化都包括哪些内容？

② 画出实验课演示的常见仪表的结构示意图和基本工作原理。

实验 2　单圈弹簧管压力表实验

【实验目的】

(1) 了解弹簧管压力表的结构原理。

(2) 熟悉压力校验器的使用方法。

(3) 掌握压力表的调整、校验方法。

(4) 掌握运用误差理论及仪表性能指标来处理实验所得的数据。

【实验原理】

本实验采用与标准表比较法实现。即将被校压力表和标准压力表通以相同的压力，比较它们的指示值。为提高精度，要求标准表的精度等级至少要比被校表的精度等级高二级，同时要求标准表的量程与被校表的量程越接近越好。标准表的绝对误差一般应小于被校表绝对误差的 1/4，所以标准表的误差可以忽略不计，即认为标准表的读数就是真实压力的数值。如果被校表对于标准表的误差不大于被校表的允许误差，则认为被校表合格，否则被校表不合格，必须经过调校合格后方能使用或降级使用。

【实验装置】

实验装置示意如图 4-1 所示。

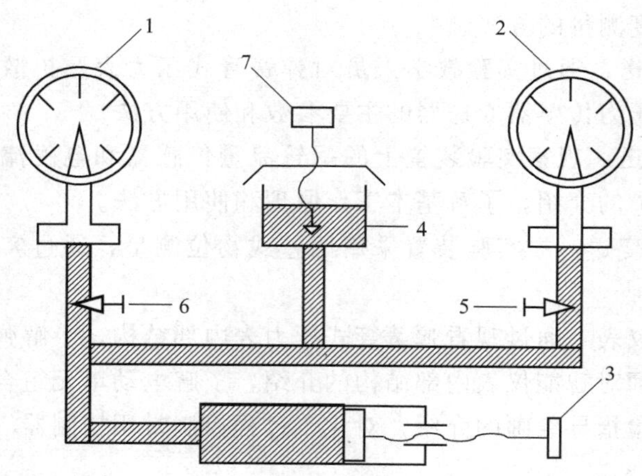

图 4-1　实验装置示意图

1—被校压力表；2—标准压力表；3—压力校验器手轮；4—油杯；5,6—截止阀手轮；7—油杯针形阀

【实验内容操作】

① 在压力校验器油杯中注满变压器油，同时排净系统中气体。

② 分别把标准表及被校表安装在相应的接头上，并检查系统是否漏油，做好实验前的准备工作。

③ 打开油杯进油阀门，并关闭截止阀门，逆时针缓慢旋出校验器手轮。关闭油杯阀门，打开截止阀门。

④ 首先调整好仪表的零点和量程（即刻度的终点）。

a. 仪表零点的调整：调整压力校验器的手轮，将标准表的压力调整到量程的 1/3 处。将被校表的表罩取下，取下被校表指针，重新安装到量程的 1/3 处。

b. 仪表量程的调整：调整压力校验器的手轮，将标准表的压力加到满量程处，保持压力信号不变。将被校表的指针、表罩、刻度盘取下，重新调整被校表的量程调整螺钉，使被校表的压力达到满量程。

c. 仪表的零点和量程要反复调整数次，直到零点和量程都调好为止。

⑤ 在全量程范围内将被校表的量程平均分成 5 份以上，以各点为校验点。首先按正行程（由小→大）校验，然后按反行程（由大→小）校验，重复做两次，同时读取并记录被校表和标准压力表的示值。

⑥ 实验过程中，应保持压力表指针单方向无跳动的增加或减少。

【分析】

总结实验中所涉及的技术内容，谈谈自己的感想。

【原始数据记录表】

① 将得到的实验数据和处理结果填于表 4-1 中。

② 确定被校验压力表的精度等级。

$$\delta=\Delta X_{max}/(A_{上}-A_{下})\times 100\%$$

表 4-1　单圈弹簧管压力数据记录

仪表型号		仪表量程		仪表精度		ΔX_{max}	
被校表压力值/MPa		0	0.5	1.0	1.5	2.0	2.5
标准表压力值	X_z						
	X_f						
实验误差及计算结果	ΔX_z						
	ΔX_f						
	$\Delta X'$						
	$\Delta X'_{max}$						
	ΔX_{max}						
	δ						

③ 实验结果是否达到要求？

【讨论题】

① 校验前不调整仪表零点及满刻度行否？为什么？

② 实验中若以标准刻度为准，从被校表中读数可以吗？为什么？

③ 标准表比被校表精度要高出一定数量级，但标准表的量程也比被较表的量程要高得多时可以吗？为什么？

④ 压力加到很高时，如何使压力减少？

实验3 热电偶测温实验及热电偶标定

【实验目的】

① 了解热电偶的结构及测温工作原理。

② 掌握热电偶校验的基本方法。

③ 学习如何定期检验热电偶误差，判断是否及格。

【实验原理】

热电偶温度计具有计结构简单、测温布点灵活、体积小巧、测温范围大、性能稳定、准确可靠、经济耐用、维护方便等特点，能够快速测量温度场中确定点的温度，输出的电信号能远传、转换和记录，是工业和实验室中使用最广泛的一种测温方法。

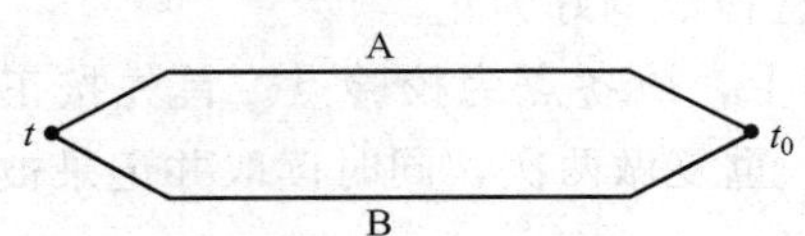

图 4-2 热电偶测温原理试验台

如图 4-2 所示，如果两种不同的导体 A、B 连成一个闭合回路，当两节点温度 t、t_0 不同时，在回路中就会产生电势，闭合回路会产生电流，这种现象称为热电效应。

热电势是由两种不同金属所含自由电子密度不同引起的，其大小与两节点间温差大小和热电偶材质有关。通常，我们称 t 端为工作端或热端，t_0 端为自由端或冷端。当 t_0 恒定时，热电势大小只和 t 有关，且存在一定的函数关系，$E(\Delta t)=E_{AB}(t)-E_{AB}(t_0)$。利用上述原理即可以制成热电偶温度计，用热电偶的电势输出确定相应的温度。

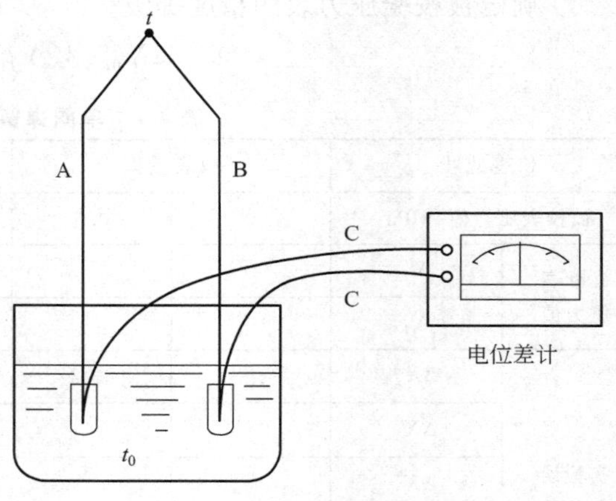

图 4-3 热电势测量装置

在实际使用中往往把 t_0 置于冰水混合物中（0℃），并在热电偶回路中引入第三种材料（通常为铜导线），将热电势导出，测量装置如图 4-3 所示。根据第三导体定律，只要第三种材料二接点的温度相同，热电偶产生的电势与不引入第三种材料时相同。

热电偶接点（t 端）通常采用电火花熔接，焊前要消除接合处污物和绝缘漆，并把结点置于被测温点。冷结点一般用锡焊把热电偶和铜导线连接，相互绝缘后，并置于冰水混合物中。

【实验装置】

（1）热电偶材料 常用的配对热电偶材料基础数据见表 4-2。

表 4-2 常用的配对热电偶材料基础数据

材料		t_0=0℃，t=100℃时电势输出	使用温度		测温范围	允许误差
正极	负极		长期	短期		
铜$^+$	康铜$^-$	4.26mV	200℃	300℃	−200～−40℃	±2t%
					−40～400℃	±7.5t%

续表

材料		$t_0=0$℃，$t=100$℃时电势输出	使用温度		测温范围	允许误差
正极	负极		长期	短期		
镍铬$^{+}$	考铜$^{-}$	6.95mV	600℃	800℃	t≤400℃	±4℃
					t>400℃	±t%
镍铬$^{+}$	镍硅$^{-}$	4.10mV	1000℃	1300℃	t≤400℃	±4℃
					t>400℃	±0.75t%
铂铑$_{10}^{+}$	铂$^{-}$	0.643mV	1300℃	1600℃	t≤600℃	±2.4℃
					t>600℃	±0.4t%
铂铑$_{30}^{+}$	铂铑$_{6}^{-}$	0.034mV	1600℃	1800℃	t≤600℃	±3℃
					t>600℃	±0.5t%

由于实际使用的热电偶材料的化学成分不一定符合标准，而且材料不一定均匀，因此不能直接采用分度号对应的分度表，或使用国际电工委员会（IEC）提出的各种热电偶温度电势函数关系式，为此，必须对实际使用的热电偶输出电势和对应温度标定，然后才能作为测温元件。

（2）实验设备　如图 4-4 所示。

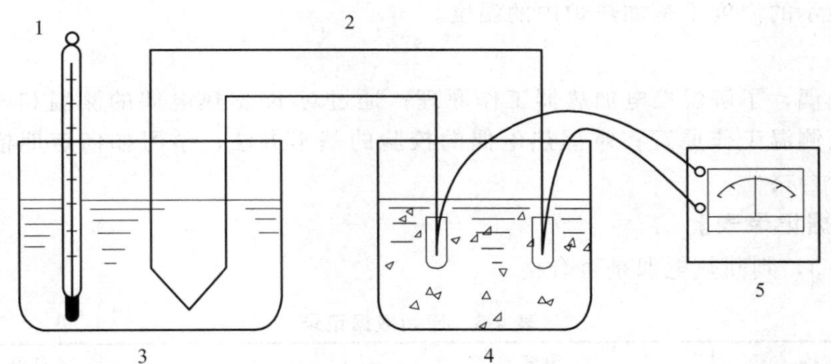

图 4-4　实验接线图

1—二等标准水银温度计（最小刻度 1/10℃）；2—ϕ0.2mm 铜-康铜热电偶；3—超级恒温水浴（95℃±0.5℃）；4—保温瓶（冰水混合物）；5—电压表

【实验内容操作】

（1）观察热电偶结构（可旋开热电偶保护外套），了解温控电加热器工作原理。

温控器：用于热源的温度指示、控制、定温。温度调节方式为时间比例式，红灯亮时表示加热炉断电，绿灯亮时则表示继电器吸合，电炉处于加热状态。

温度设定：拨动开关拨向“设定”位，调节设定电位器，仪表显示的温度值也随之变化，调节至实验所需的温度时停止。然后将拨动开关扳向“测量”位，接入热电偶控制炉温。（注：首次设定温度不应过高，以免热惯性造成加热炉温度过高）。

（2）首先将温度设定在 50℃左右，打开加热开关，即加热电炉电源插头插入主机加热电源出插座，热电偶插入电加热炉内。K 分度热电偶为标准热电偶，冷端接“测试”端，E 分度热电偶接“温控”端。注意：热电偶极性不能接反，而且不能断偶。万用表置毫伏挡，当开关倒向“温控”时，可测 E 分度热电偶的热电势，待设定炉温达到稳定时，用电压表毫伏档分别测出试温控（E）和测试（K）两支热电偶的热电势（直接用电压表在热电偶接线端测量，钮子开关还是保持倒向“E”分度热电偶方向）。至少要对每支热电偶测两次，求出平均值，并将结果填入表 4-3。

（3）继续将炉温提高到 70℃、90℃、110℃、130℃和 150℃，重复上述实验，观察热电偶的测温性能，并将对应结果填入表 4-3。

（4）因为热电偶冷端温度不为 0℃，则需对所测的热电势值进行修正：

$$E(t,t_0)=E(t,t_1)+E(t_1,t_0)$$

实际电动势＝测量所得电势＋温度修正电势

查阅热电偶分度表，上述测量与计算结果对照。

（5）校热电偶热电势与标准热电偶温度的绝对误差为 $\Delta t=t_{校}-t_{标}$，相对误差为 $\Delta t/t_{标}=(t_{校}-t_{标})/t_{标}\times 100\%$。

注意事项：

① 加热炉温度请勿超过 200℃，当加热开始，热电偶一定要插入炉内，否则炉温会失去控制。

② 因为温控仪表为 E 分度，加热炉的温度就必须由 E 分度热电偶来控制，E 分度热电偶必须接在面板上的“温控”端。所以，当开关打向“测试”方接入 K 分度热电偶时，数字温度表上显示的温度不是加热炉内的温度。

【分析】

观察热电偶，了解温控电加热器工作原理；通过对 K 型热电偶的测温和校验，了解热电偶的结构及测温工作原理；掌握热电偶的校验的基本方法；学习如何定期检验热电偶误差，判断是否合格。

【原始数据记录表】

填写表 4-3，判断热电偶是否合格。

表 4-3　原始数据记录

序号 n	电势 e_i/mV		e_i 平均	温度 t_i/℃		t_i 平均	e_i^2	e_it_i	计算值 $\hat{t}_i$	$(\hat{t}_i-t_i)^2$
	1	2		1	2					
1										
2										
3										
4										
5										
⋮ n										
$n=$	—	—	$\Sigma e_i=$ $(\Sigma e_i)^2=$	—	—	$\Sigma t_i=$	$\Sigma e_i^2=$	$\Sigma e_it_i=$	—	$\Sigma(\hat{t}_i-t_i)^2$

【讨论题】

① 温控电加热器工作原理是什么？

② 如何检验热电偶是否合格？

实验 4　水箱液位定值控制

【实验目的】

① 了解单容液位定值控制系统的结构与组成。

② 掌握单容液位定值控制系统调节器参数的整定方法。

③ 了解 PI 调节器对液位控制的作用。

【实验原理】

实验装置图如图 4-5 所示。被控量为水箱的液位高度，实验要求水箱的液位稳定在给定值的 2%～5%范围内。本装置中共有三路液位传感器液位水箱的液位高度，可任选一路作为控制器的反馈信号。本实验采用电容压力变送器作为测量液位的反馈信号，与给定量进行比较后，取得偏差，控制阀根据偏差来控制电动阀的开度，以达到控制水箱液位的目的。为了实现在阶跃给定和阶跃扰动作用下的无静差控制，系统的调节器应为 PI 或 PID 控制。一般在变化量较快的液位、流量和压力控制参数中，不采用微分控制，因为微分虽然可以改善动态调节效果，但其对变化较快参数的抗干扰能力较差。

【实验装置】

化工自动化仪表实验平台、实验导线。

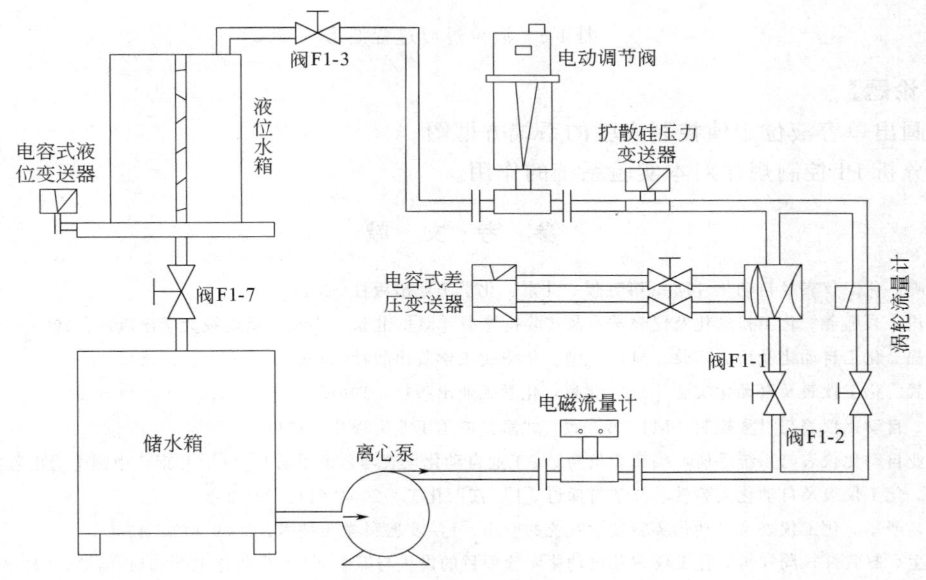

图 4-5　化工自动化仪表实验平台

【实验内容操作】

① 实验之前先在储水箱中储足水量，一般接近储水箱容积 4/5，然后将阀 F1-1、F1-3、F1-7 全开，其余手动阀门关闭。

② 将仪表控制箱中“电容式液位变送器”的输出对应接至智能调节仪的“0-5V/1-5V 输入”端，将智能调节仪 1 的“4-20mA 输出”端对应接至“电动调节阀”的控制信号输入端。

③ 打开对象系统仪表控制箱的单向空气开关，给所有仪表上电。

④ 智能仪表 1 参数设置：Sn＝33、DIP＝1、dIL＝0、dIH＝50、OPL＝0、OPH＝100、CF＝0、Addr＝1。

⑤ 在智能仪表 1 上给定设定值、液位的初终值，调整调节仪的 P 及 I 参数，将智能调节仪 1 设置为“自动”状态，仪表内部控制算法启动，同时打开离心泵和出水阀的开关，对被控参数进行闭环控制。

【分析】

总结实验中所涉及的技术内容，谈谈自己的感想。

【原始数据记录表】

对于给定的 P 和 I 参数，取两组参数得出的响应曲线进行比较，波形大致如图 4-6 所示。

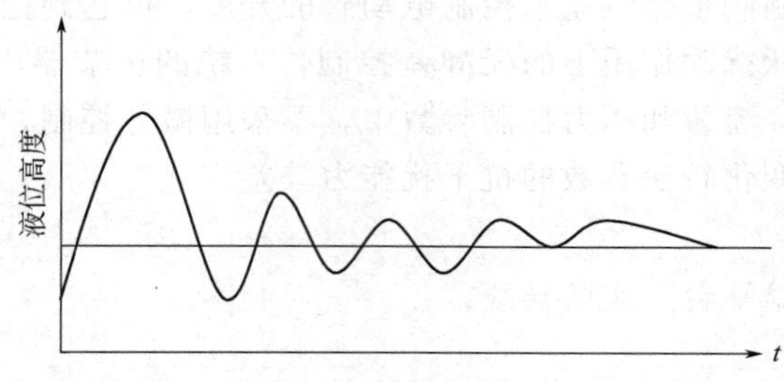

图 4-6　液位过渡过程波形

【讨论题】

① 画出单容液位定值控制实验的系统方框图。

② 分析 PI 控制规律对本实验系统的作用。

参　考　文　献

[1] 厉玉鸣．化工仪表及自动化 [M]．第五版．北京：化学工业出版社．2011.

[2] 李伯川，聂盛尧．化工自动化及仪表学习及实验指导书 [M]．北京：中央广播电视大学出版社，1993.

[3] 张全福．化工自动化及仪表实验 [M]．上海：华东化工学院出版社，1991.

[4] 钟汉武．化工仪表及自动化实验 [M]．北京：化学工业出版社，1991.

[5] 施仁．自动化仪表与过程控制 [M]．第五版．北京：电子工业出版社，2011.

[6] 《工业自动化仪表与系统手册》编辑委员会．《工业自动化仪表与系统手册》[M]．北京：中国电力出版社，2008.

[7] 姜军．化工仪表及自动化实验教学改革与探讨 [J]．江西化工，2004 (4)，201-202.

[8] 刘颖，严军．化工仪表及自动化实验教学系统的应用 [J]．实验科学与技术，2009 (7)，46-47.

[9] 李梅生，赵宜江，周守勇．化工仪表及自动化实验项目的设置与探索 [J]．广州化工，2014 (42)，240-242.

[10] 相玉琳，王立鹏，焦玉荣．化工仪表及自动化实验教学探索与实践 [J]．榆林学院学报．2015 (25)，93-95.

[11] 靳瑛，侯来灵．改革化工自动化实验　培养企业亟须人才 [J]．太原理工大学学报（社会科学版），2001 (19)，69-70.

[12] 张全福．化工自动化及仪表实验 [M]．上海：华东化工学院出版社，1991.

模块5　工程图学实训

5.1　概　述

本课程的实践性教学环节主要是要求学生掌握AutoCAD的基本操作、绘图命令、修改命令、尺寸标注命令、图层和图块设置、综合练习等基本操作。上机实训以AutoCAD2004以上版本为软件操作平台。学生除完成所要求题目之外，还应对所实验之结果进行分析与总结。

本实验指导书内容包括：实验目的、实验过程及内容等。

另外，由于实验时间有限，学生对课程的掌握不同，除安排上机实验之外应另外自行安排时间学习、解决相关知识及问题。

5.2　实训部分

实训1　绘图界面与基础知识的认识

【实验目的】

① 了解AutoCAD软件的操作界面。

② 学习AutoCAD的基本操作。

【实验内容】

(1) AutoCAD软件的操作界面

① 实验要求

a. 启动AutoCAD2007（AutoCAD2004以上版本均可），熟悉软件界面。

b. 工具栏的设置操作。

c. 状态栏的设置操作。

② 实验方法

a. 启动AutoCAD2007

ⅰ. 采用桌面快捷方式启动。

ⅱ. 采用“开始”菜单方式启动。

b. 鼠标指针形状观察

ⅰ. 在“绘图窗口外”区域（工具栏和下拉菜单区）移动鼠标指针，观察鼠标指针的形状↖。

ⅱ. 在“绘图窗口内”区域移动鼠标指针，观察绘图窗口内“待命”状态下鼠标指针形状⌖。

ⅲ. 单击“绘图”工具的“╱”按钮，观察绘图窗口区域内“绘图”状态下的鼠标指针形状十。

ⅳ. 单击“修改”工具的“✎”按钮，观察绘图窗口区域内“选择”状态下的鼠标指针形状□。

c. 工具栏的设置操作

ⅰ. 右击任意工具栏，调出“工具栏”快捷菜单。

ⅱ. 勾选“标注”，调出“标注”工具栏。

ⅲ. 拖动“标注”工具栏至绘图窗口的右侧。

ⅳ. 拖动“标注”工具栏至绘图窗口的上方。

ⅴ. 右击任意工具栏，调出“工具栏”快捷菜单；取消勾选，关闭“标注”工具栏。

d. 状态栏的设置操作

ⅰ. 单击“状态栏”各功能按钮，观察状态按钮变化。

ⅱ. 按功能键“F3”，观察“对象捕捉”状态按钮的变化。

ⅲ. 按功能键“F8”，观察“正交”状态按钮的变化。

(2) AutoCAD 的基本知识

① 实验要求

a. 文件的打开和保存。

b. 视图的缩放及平移。

c. 数据输入。

② 实验方法

a. 文件的打开和保存

ⅰ. 执行下拉菜单“文件/打开”命令，系统将弹出对话框。利用此对话框，可以打开不同类型的文件：AutoCAD 图形文件（*.dwg）；AutoCAD 图形文件交换文件（*.dxf）；AutoCAD 图形样板文件（*.dwt）；AutoCAD 图形标准文件（*.dws）。

ⅱ. 执行下拉菜单“文件/保存”命令，系统可快速保存当前正在编辑的文件。

b. 视图缩放（zoom）和平移（pan）命令训练　以“单元平面图 zoom 练习”文件为练习对象。

ⅰ. 输入“z↙”，框选一个“主卧”区域，执行“放大”操作。

ⅱ. 再次输入“z↙”，按提示，输入“a↙”，执行全图显示。

ⅲ. 同理，练习 zoom 其他命令参数。

ⅳ. 操作鼠标滚轮，向上或向下滚动，观察图形变化情况。

c. 数据输入

ⅰ. 点的输入

使用十字光标：移动十字光标到适当位置，单击左键，光标处的坐标自动输入。

笛卡尔坐标：使用键盘以“x，y”的形式直接键入目标点的坐标。

相对笛卡尔坐标：相对坐标是指相对于当前点的坐标，使用相对坐标输入坐标，必须在输入值前输入@作为前导符号。

ⅱ. 角度的输入　以逆时针方向为正，顺时针方向为负。在提示符“角度”后：直接输入角度值，也可以输入两点，角度大小与输入点顺序相关，默认第一点为起点，第二点为终点，两点连线与X轴正向夹角为角度值。

实训2　图形绘图命令

【实验目的】

① 学会AutoCAD的基本绘图命令。

② 能使用绘图命令绘制简单图形。

【实验内容】

(1)“直线Line”命令

① 采用“相对坐标法”绘制图5-1三角形，线段长度任意设定。画完后存盘。

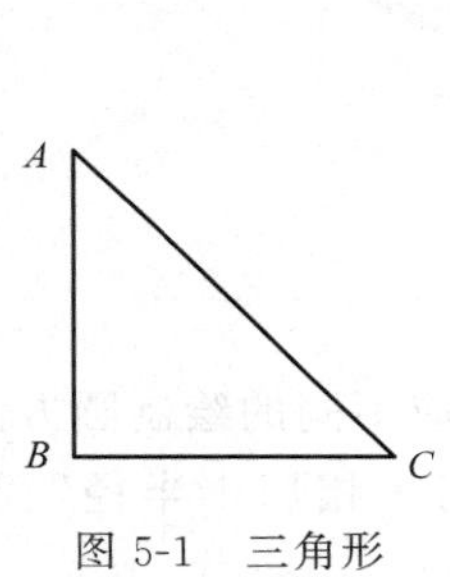

图5-1　三角形

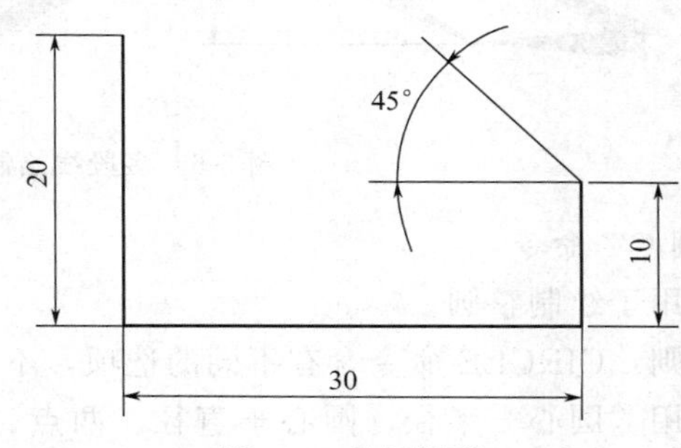

图5-2　几何图形

② 用“直线Line”命令，绘制图5-2所示图形（不标尺寸）。画完后存盘。

提示：水平和垂直方向线段用“正交+长度值法”绘制，斜线段用“相对坐标法”绘制。

(2)“多线段PL”命令

功能：绘制不同宽度或同宽度的直线或圆弧的组合线段，一次绘制的多线段为一个实体。

操作规则：先指定起点，然后按提示操作。

① 按参考文献[1]第37页操作提示，完成图5-3的绘制。画完后存盘。

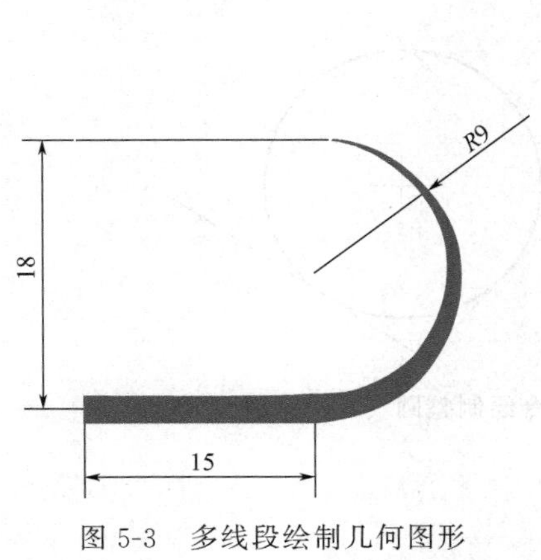

图5-3　多线段绘制几何图形

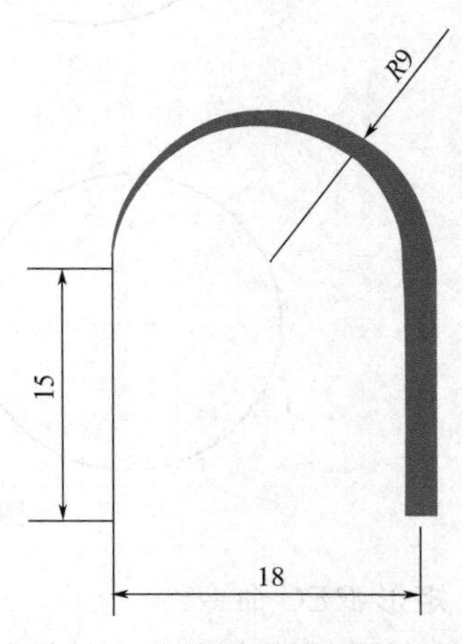

图5-4　多线段绘制几何图形

② 参照图 5-3 绘制方法，绘制图 5-4。画完后存盘。

③ 参照图 5-3 绘制方法，绘制图 5-5，长度、宽度任意。画完后存盘。

图 5-5　多段线绘制的箭头、钢筋

④ 参照图 5-3 绘制方法，绘制图 5-6，长度、宽度任意。画完后存盘。

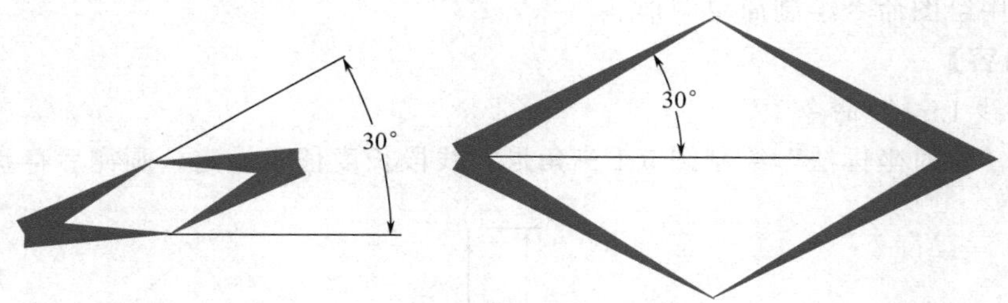

图 5-6　多段线绘制的菱形

(3)“圆 C”命令

功能：用于绘制整圆。

操作规则：CIRCLE 命令含有不同的选项，不同的选项对应不同的绘制圆方法。

分别采用“圆心＋半径、圆心＋直径、两点、三点、相切＋相切＋半径”等方法绘制圆。具体操作过程见命令栏提示。完成图 5-7 绘制。画完后存盘。

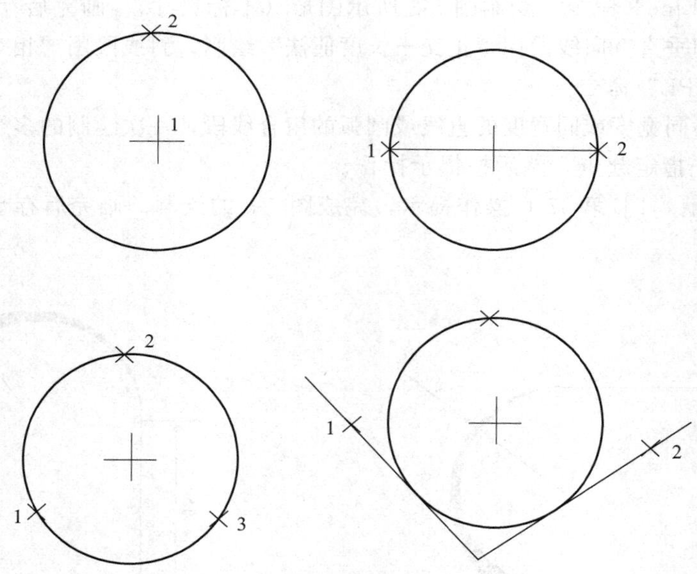

图 5-7　不同圆命令绘制整圆

(4) 矩形 REC 命令

绘制长度 200、高度 100 的矩形。

① 参数法：指定第一点后，使用参数 D，按提示，分别输入 200，100。

② 相对坐标法：指定第一点后，输入相对坐标“@200，100”。

（5）正多边 POL 形命令

按照命令栏操作提示绘制图，见图 5-8。

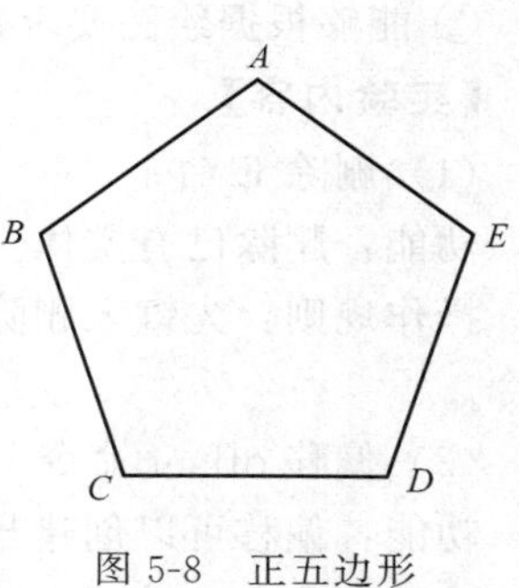

图 5-8　正五边形

（6）单行文本 DT 和多行文本 T

功能：单行文本用于注写每行作为一个实体的文字，多行文本用来注写每段作为一个实体的文字。

① 文字样式 ST 命令，见图 5-9。

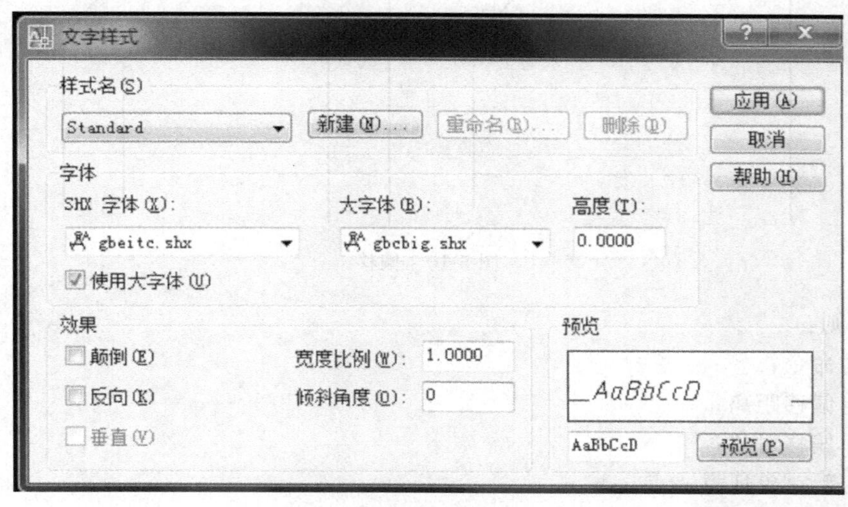

图 5-9　文字样式 ST 命令

a. 单击“新建”，在弹出的对话框中输入新字体名称，点击“确定”。

b. 勾选“使用大字体”。

c. 在“SHX 字体”列表中选择“gbeitc. shx”字体。

d. 在“大字体”列表中选择“gbcbig. shx”字体。

e. 单击“应用”完成字体定义，然后“关闭”退出。

② 特殊字符的输入　一些不能在键盘直接键入的特殊字符，AutoCAD 通过控制码来实现。常用控制码见表 5-1。

表 5-1　AutoCAD 控制码

符号	代号	示例	文本
°	%%d	45%%d	45°
±	%%p	%%p0.01	±0.01
Φ	%%c	%%c100	Φ100

实训 3　图形编辑命令

【实验目的】

① 学会 AutoCAD 的图形命令。

② 能够根据绘图要求采用适当绘图命令与修改进行图形绘制。

【实验内容】

(1) 删除 E 命令

功能：删除已有实体

操作规则：先键入删除命令，在提示下，选择删除方式删除对象，选择完毕后回车执行命令。

(2) 偏移 offset 命令

功能：偏移可以创建与选定对象形状相同且等距的新对象（见图 5-10）。

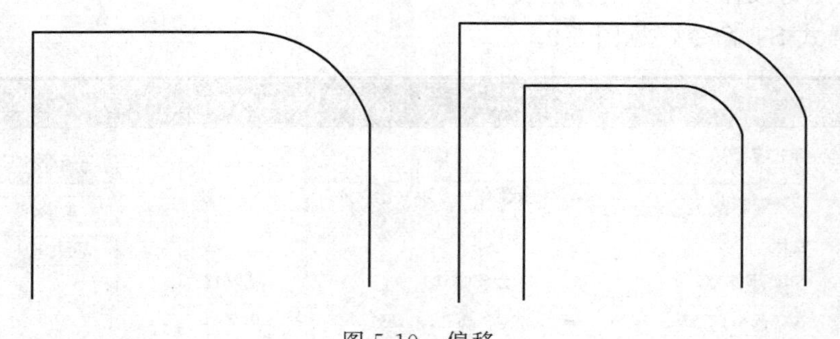

图 5-10　偏移

操作规则：

① 启动命令；

② 指定偏移距离；

③ 选择偏移对象；

④ 指定新对象任意一点。

(3) 修剪 TR 命令

功能：用指定的剪切边裁剪所选定的对象。

操作规则：

① 启动命令；

② 选择剪切边，回车；

③ 选择剪切对象。

a. 参照参考文献［1］第 42 页提示，完成图 5-11。

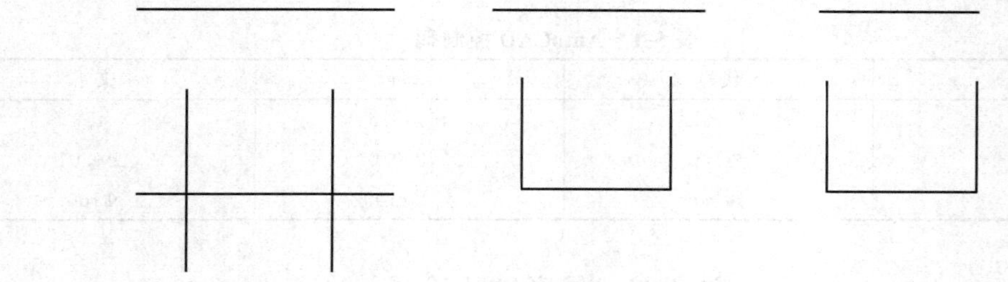

图 5-11　修剪

b. 按照参考文献［1］第 42 页提示，完成图 5-12。

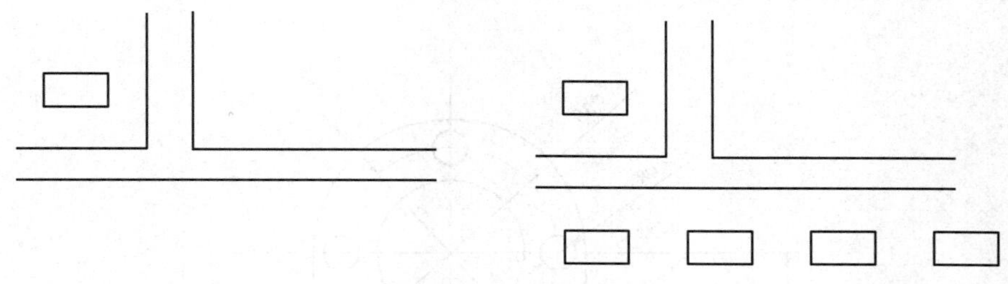

图 5-12 精确复制练习

实训 4 图层与块的认识与绘制

【实验目的】

① 掌握 AutoCAD 图层的创建和应用操作。

② 掌握 AutoCAD 图块的定义与使用。

【实验内容】

(1) 创建图层

① 按表 5-2 要求，创建新图层。

② 切换图层，分别绘制图形，观察不同图层间的图形的颜色、线型和线宽的区别。

表 5-2 新建图层特性

图层名称	颜色	线型	线宽
01 粗实线	绿色	实线	0.5mm
02 细实线	白色	实线	0.25mm
03 细虚线	黄色	ACAD_ISO02W100	0.25mm
04 细点画线	红色	ACAD_ISO04W100	0.25mm
05 尺寸标注	白色	实线	0.25mm

(2) 图层操作练习

① 绘制图形并按图 5-13 所示的三种方式显示。

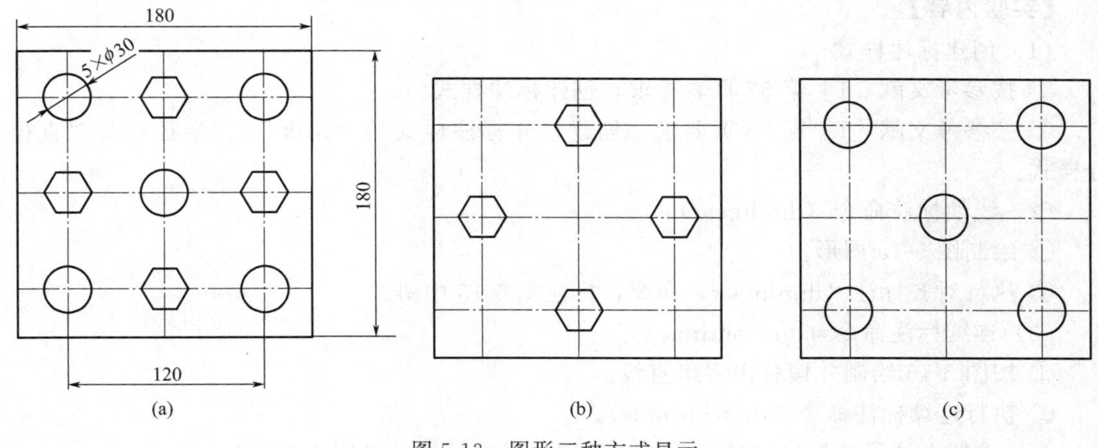

图 5-13 图形三种方式显示

② 绘制线性编辑图层，如图 5-14 所示。

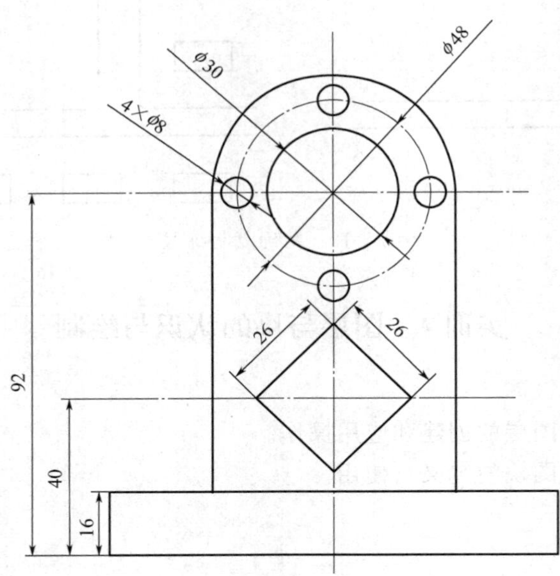

图 5-14　线性编辑图层

(3) 图块练习

① 创建图形图块

a. 自行绘制一个简单图形，可以是矩形或者圆等。

b. 执行“图块（block）”命令。将整个图形作为整体创建图块。

② 插入图块命令（insert）练习。

实训 5　尺寸的标注

【实验目的】

① 掌握 AutoCAD 尺寸标注样式的创建。

② 掌握 AutoCAD 尺寸标注命令。

【实验内容】

(1) 创建标注样式

① 按参考文献 [1] 第 57 页表要求，创建标注样式。

② 按参考文献 [1] 第 58 页要求，创建尺寸标注样式的“角度”、“半径”及“直径”分样式。

(2) 线性标注命令（dimlinear）

① 绘制图 5-15 图形。

② 执行对齐标注（dimlinear）命令，标注图 5-15 中斜线。

(3) 连续标注命令（dimcontinue）

① 按图 5-16 绘制并偏移出多组直线。

② 执行连续标注命令（dimcontinue）。

(4) 参照上述尺寸标注方法，完成以下图形尺寸标注（见图 5-17）。

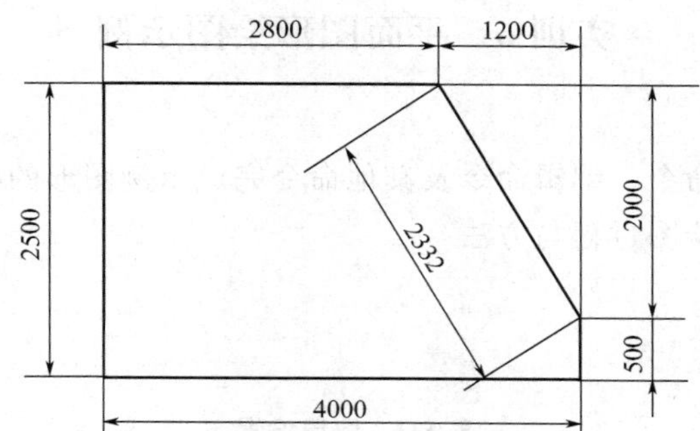

图 5-15 线性标注练习

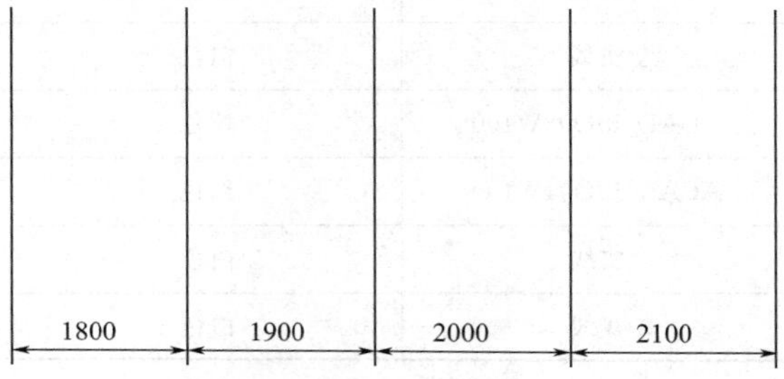

图 5-16 连续标注练习

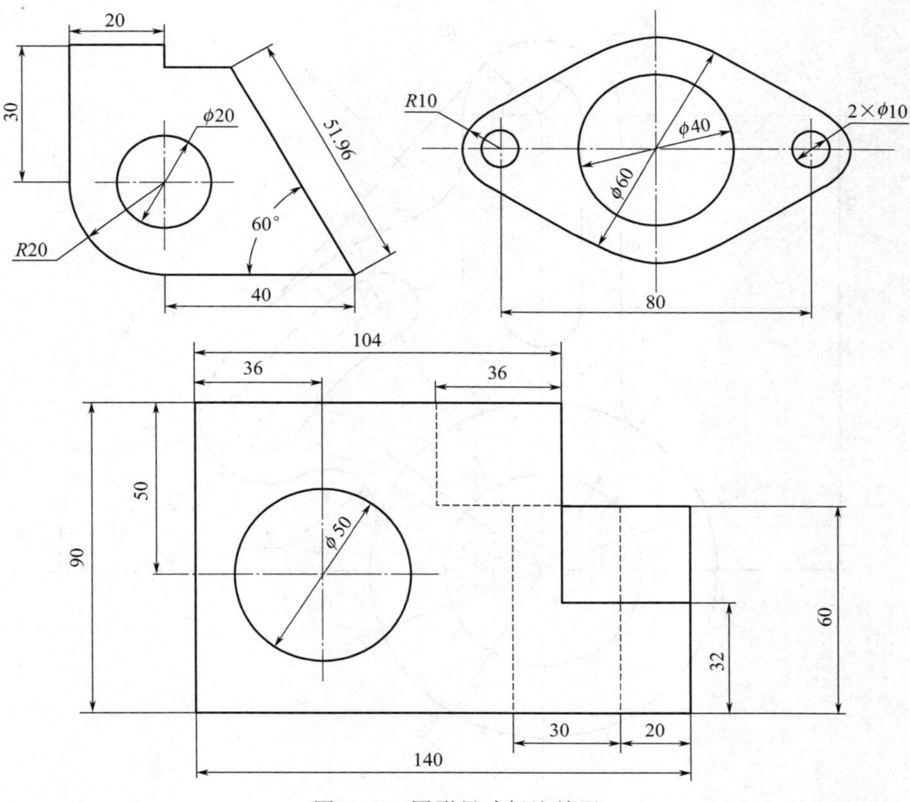

图 5-17 图形尺寸标注练习

实训 6　平面图形绘图示例

【实验目的】

① 利用所学的绘图命令、编辑命令及其他命令完成示例图形的绘制工作。

② 掌握平面图形的绘图过程与方法

【实验内容】

（1）图层设置，见表 5-3。

表 5-3　图层设置

图层名	线型	颜色	线宽
01 粗实线	实线	绿色	0.5
02 细实线	实线	白色	0.25
03 细虚线	ACAD_ISO02W100	黄色	0.25
04 细点画线	ACAD_ISO04W100	红色	0.25
05 尺寸标注	实线	白色	0.25
06 辅助线	实线	白色	0.25

（2）绘制平面图形　参考参考文献［1］63～66 页，完成图 5-18 的绘制工作。

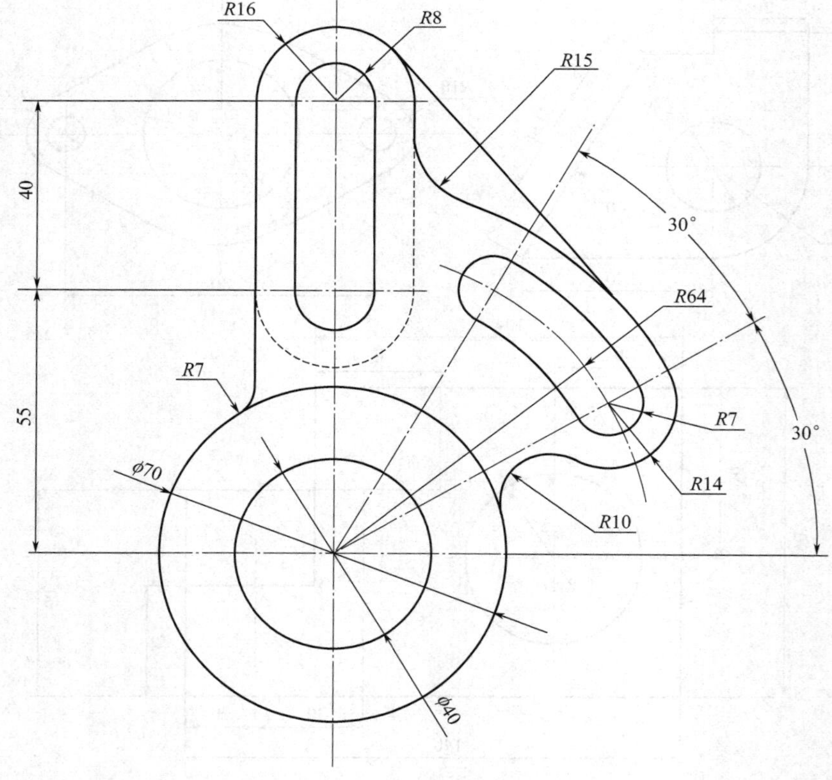

图 5-18　平面图形绘图练习

实训 7 综合练习一

【实验目的】

掌握 AutoCAD 绘制平面图形的基本方法及要求。

【实验内容】

完成图 5-19 的绘图工作，绘图要求参见实训 6。

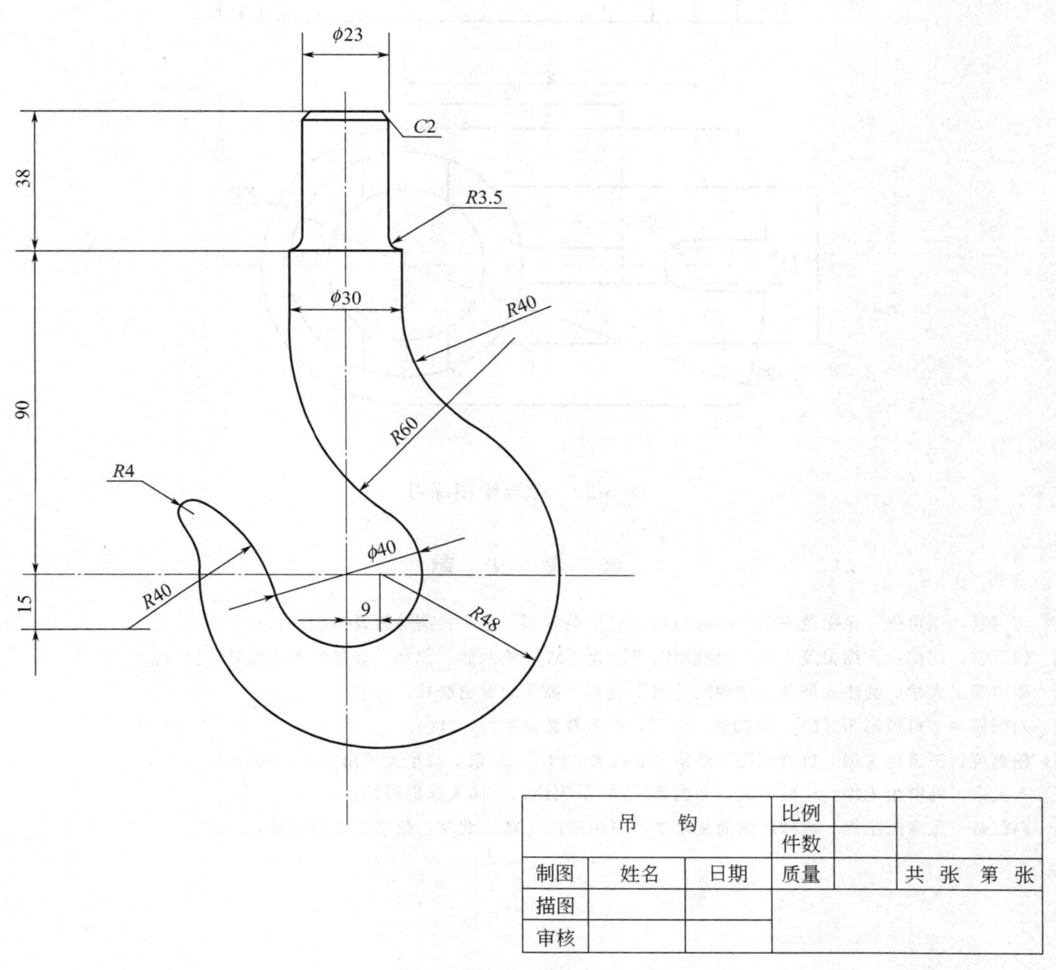

图 5-19 吊钩绘制练习

实训 8 综合练习二

【实验目的】

掌握 AutoCAD 绘制三视图的基本方法及要求。

【实验内容】

完成图 5-20 的绘图工作，绘图要求参见实训 6。

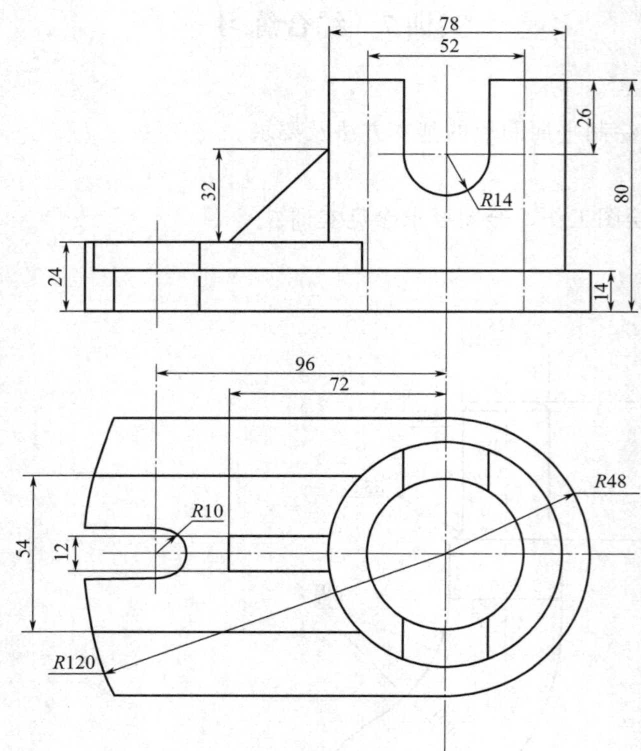

图 5-20 综合绘图练习

参 考 文 献

[1] 何铭新，钱可强，徐祖茂主编．机械制图［M］．第六版．北京：高等教育出版社，2010.

[2] 钱可强，何铭新，徐祖茂主编．机械制图习题集［M］．第六版．北京：高等教育出版社，2010.

[3] 华中理工大学．画法几何及机械制图［M］．北京：高等教育出版社，2000.

[4] 刘朝儒等．机械制图［M］．第四版．北京：高等教育出版社，2001.

[5] 杨惠英，王玉坤主编．机械制图习题集（非机类）［M］．北京：清华大学出版社，2010.

[6] 齐玉来，韩群生主编．机械制图（非机类）［M］．天津：天津大学出版社，2004.

[7] 冯仁余，张丽杰主编．机械制图简化画法及应用图例［M］．北京：化学工业出版社，2015.

模块6 化工设备机械基础课程设计

6.1 概 述

《化工设备机械基础》课程设计是针对高等院校化工工艺类学生学习化工设备的机械设计而设置的；是为配合学生在学习了相关机械课程的基本理论和基本知识后，对基本技能的训练；是为培养学生设计能力和解决实际问题能力的重要教学环节。通过化工设备的课程设计，使化工工艺类学生掌握化工过程典型设备的结构设计和强度计算，以及机械设计对化工工艺参数的影响。

6.1.1 课程设计的目的及要求

(1) 设计目的

① 综合运用化工机械基础课程及其他课程的理论知识，巩固、加强所学课程的基本理论与基本知识。

② 培养工程设计能力，分析解决问题的能力，树立正确的设计思想，初步掌握典型化工设备设计的一般方法和步骤。

③ 熟练运用相关设计资料，查阅国家技术标准、设计手册和规范图册等，培养机械制图、理论计算、编写设计说明书的基本技能。

(2) 设计要求

① 树立正确的设计思想，在设计过程中本着对工程设计认真负责的态度，严格要求自己，综合考虑设备的经济性、实用性、安全可靠和先进性，高质量完成设计任务。

② 具有积极主动的学习态度和进取精神，在课程设计中遇到问题不敷衍，通过查阅资料和复习有关教科书中的内容，积极思考，提出个人见解，主动解决问题，注重能力培养。

③ 学会正确使用标准和规范，使设计有法可依，有章可循，当设计与标准规范相矛盾时，必须严格计算和验证，直到符合设计要求。否则应优先按标准选用。

④ 正确采用设计方法，统筹兼顾，在深刻理解设计理论的基础上，合理进行设计，同时要考虑结构等方法的要求；在设计中要注意处理好尺寸的圆整。

⑤ 课程设计的实施及成绩评定按照教学大纲及质量标准执行，兼顾结果与过程的考核。

6.1.2 课程设计的内容与步骤

(1) 准备阶段

① 准备好参考资料、手册、图纸、说明书的报告纸。

② 认真研究、分析设计任务及有关设计参数，明确设计要求及内容。

③ 认真复习有关教科书内容，熟悉有关资料及步骤。

④ 结合有关图纸，了解设备结构及作用。

(2) 设计阶段

① 根据设计参数，论证选材、论证物料的腐蚀性及对环境的污染情况。

② 根据压力计算壳体壁厚，校核壳体的强度，确定合理尺寸。

③ 选用零部件，查标准及手册，确定尺寸和结构。

④ 计算设备重量，列表有关附件的重量。

⑤ 绘制设备总装图和零部件图，按 GB/T 4457—2002 进行缩小或放大绘图比例。

⑥ 提出设备制造、检验、安装等环节的技术要求，并在总图上标注清楚。

⑦ 编写设计说明书。

6.2 典型化工设备的机械设计

设计 1 塔设备的机械设计任务书

【设计项目】

塔设备的机械设计。

【设计起止时间】

______年______月______日至______年______月______日。

【设计基础数据】

塔设备设计包括工艺设计和机械设计两方面。本课程设计是把工艺参数、尺寸作为已知条件，在满足工艺条件的前提下，对塔设备进行强度、刚度和稳定性计算，并从制造、安装、检修、使用等方面出发进行结构设计。设计条件见表 6-1。

表 6-1　塔设备的机械设计条件

简图 6-1	设计参数及要求

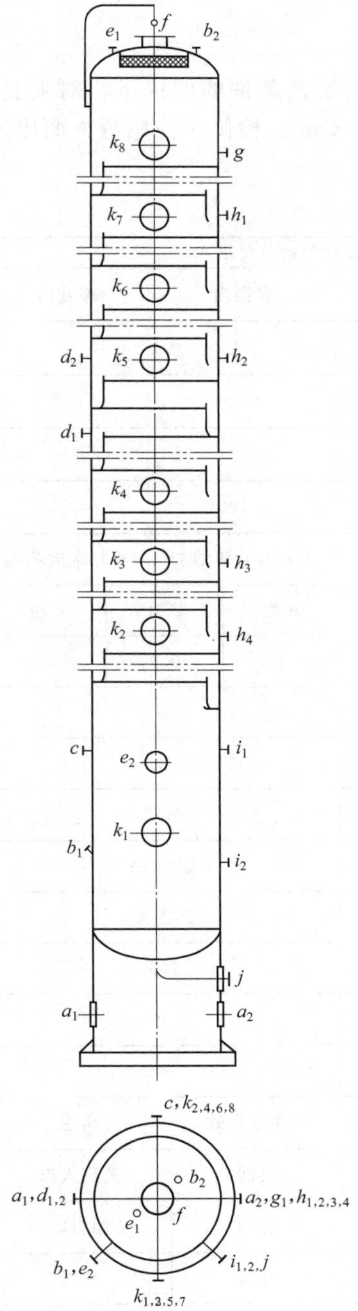

参数	数值	参数	A 组	B 组
工作压力/MPa	1.0	塔体内径/mm	1600	1800
设计压力/MPa		塔高/mm	40535	
工作温度/℃	170	介质名称	甲酚水	
设计温度/℃		介质密度/(kg/m³)	800	
基本风压/Pa	400	保温材料厚度/mm	100	
地震基本烈度	8	保温材料密度/(kg/m³)	300	
场地类别	Ⅱ	塔盘介质层高度/mm	100	
塔形	浮阀塔	塔体材料	Q345R	
塔板数目	70	内件材料	自选	
塔板间距	450/700	裙座材料	Q235-A	
偏心质量/kg	4000	偏心距/mm	2000	
平台个数	8	平台宽度/mm	900	

接管表

符号	公称尺寸	连接面形式	用途	符号	公称尺寸	连接面形式	用途
$a_{1,2}$	450	—	人孔	g	100	突面	回流口
$b_{1,2}$	32	突面	温度计	$h_{1\sim4}$	25	突面	取样口
c	450	突面	进气口	$i_{1,2}$	15	突面	液面计
$d_{1,2}$	100	突面	加料口	j	125	突面	出料口
$e_{1,2}$	25	突面	压力计	$k_{1\sim8}$	450	突面	人孔
f	450	突面	排气口				

设计 2　夹套反应釜的机械设计任务书

【设计项目】

夹套反应釜的机械设计。

【设计起止时间】

______年______月______日至______年______月______日。

【设计基础数据】

夹套反应釜的设计包括工艺设计和机械设计两方面。

本次课程设计是把工艺参数、尺寸作为已知条件，在满足工艺条件的前提下，对夹套、搅拌容器及搅拌轴进行强度、刚度和稳定性计算，并从制造、安装、检修、使用等方面出发进行结构设计。设计条件见表 6-2。

表 6-2　夹套反应釜的机械设计条件

简图 6-2

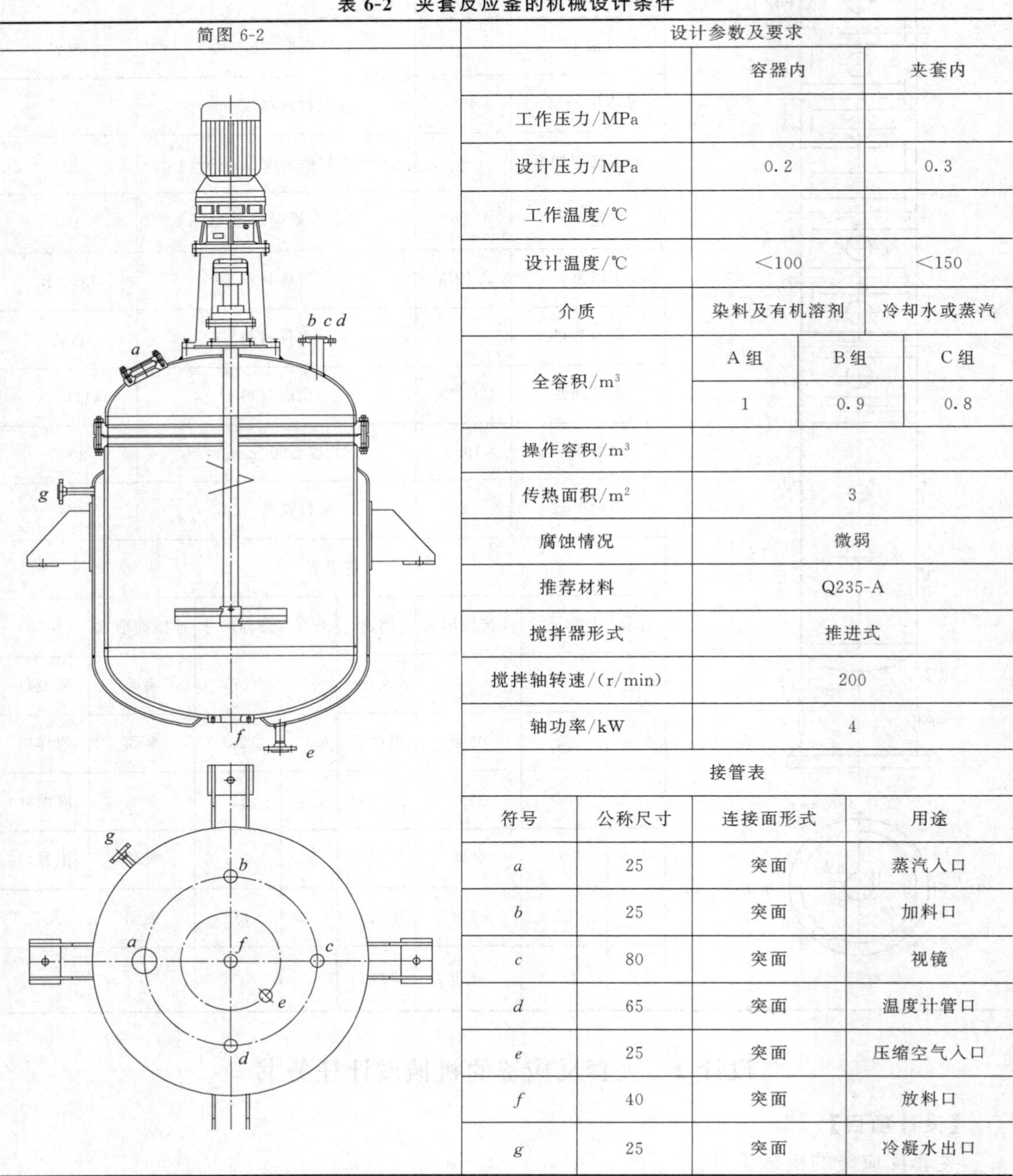

设计参数及要求			
	容器内		夹套内
工作压力/MPa			
设计压力/MPa	0.2		0.3
工作温度/℃			
设计温度/℃	<100		<150
介质	染料及有机溶剂		冷却水或蒸汽
全容积/m^3	A 组	B 组	C 组
	1	0.9	0.8
操作容积/m^3			
传热面积/m^2	3		
腐蚀情况	微弱		
推荐材料	Q235-A		
搅拌器形式	推进式		
搅拌轴转速/(r/min)	200		
轴功率/kW	4		

接管表

符号	公称尺寸	连接面形式	用途
a	25	突面	蒸汽入口
b	25	突面	加料口
c	80	突面	视镜
d	65	突面	温度计管口
e	25	突面	压缩空气入口
f	40	突面	放料口
g	25	突面	冷凝水出口

【设计内容】

（1）总体结构设计　包括封头形式、传热面、传动类型、轴封和各种附件的结构形式。

（2）搅拌容器的设计

① 根据工艺参数确定各部分尺寸。

② 选择釜体和夹套材料。

③ 对釜体、夹套等进行强度和稳定性计算、校核。

（3）传动系统设计，包括选择电机、选择减速机、机座及底座设计等。

（4）决定并选择轴封类型及有关零部件。

设计3　固定管板式换热器的设计任务书

【设计项目】

固定管板式换热器的机械设计。

【设计起止时间】

______年______月______日至______年______月______日。

【设计基础数据】

表6-3　固定管板式换热器的机械设计条件

简图6-3

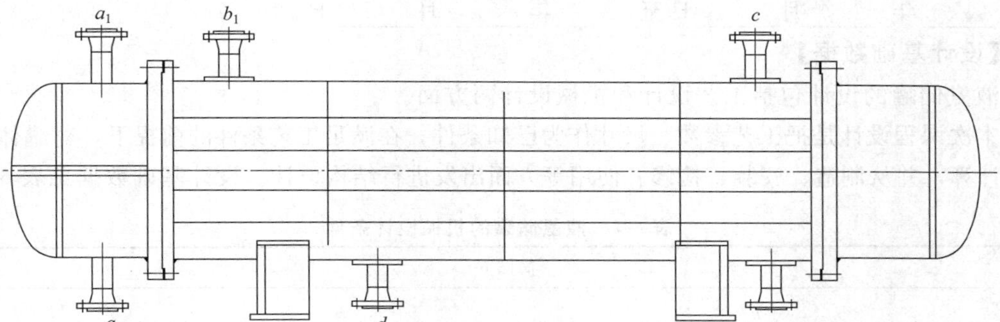

设计参数及要求

	壳程	管程
工作介质	冷冻水	甲醇,丙烯酸,丙烯酸甲酯
工作温度/℃	进口:30,出口:20	进口:8,出口:12
工作压力/MPa	0.5	0.55
推荐材料	Q345R	304L
换热面积 m^2	10/20/30	

接管表

编号	名称	公称直径/mm	编号	名称	公称直径/mm
a_1	进料管	自拟	a_2	出料管	自拟
b_1	进料管	自拟	b_2	出料管	自拟
c	排气管	自拟	d	排污管	自拟

【设计内容】

根据提供的设计条件，确定工艺尺寸，完成对换热器的强度计算与结构设计，并计算机绘制换热器的装配图及零件图。主要的设计内容如下：

① 工艺尺寸的确定（换热器内径 D、长度 L 的确定）；

② 换热管材料、规格、排列方式及数量；

③ 壳体和封头的壁厚计算；

④ 管板尺寸的确定；

⑤ 管板、管箱、折流板等结构设计；

⑥ 支座、接管、法兰等标准件的选型；

⑦ 管子拉脱力的计算；

⑧ 温差应力的计算；

⑨ 焊接结构的设计。

设计 4　卧式储罐的机械设计任务书

【设计项目】

液氨卧式储罐的机械设计。

【设计起止时间】

______年______月______日至______年______月______日。

【设计基础数据】

液氨储罐的设计包括工艺设计和机械设计两方面。

本次课程设计是把工艺参数、尺寸作为已知条件，在满足工艺条件的前提下，对罐体进行强度计算，并从制造、安装、检修、使用等方面出发进行结构设计。设计基础数据见表 6-4。

表 6-4　液氨储罐的机械设计条件

简图 6-4

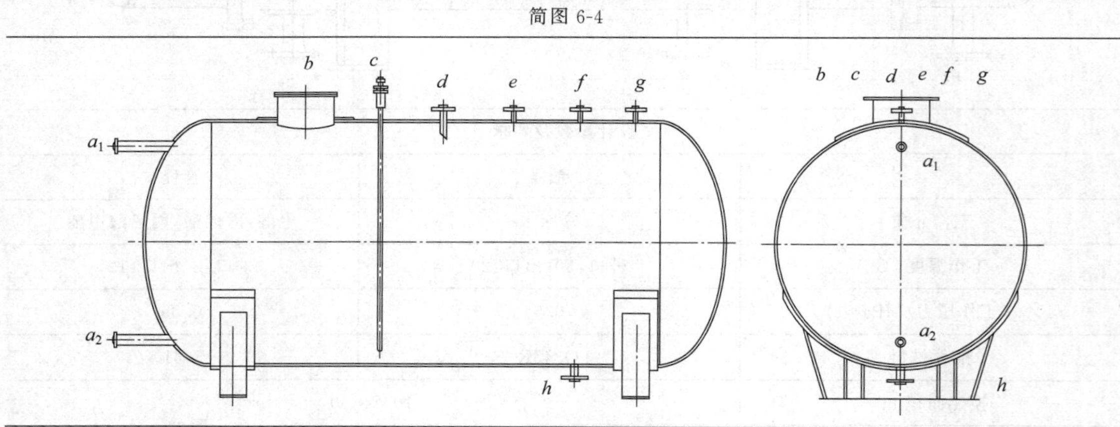

设计参数及要求

公称容积/m³	10/20/30	公称直径/mm	自定
介质	液氨	筒体长度/mm	自定
工作压力/MPa	2.0	工作温度/℃	50
厂址	浙江 嘉兴	推荐材料	Q345R

续表

接管表					
编号	名称	公称直径/mm	编号	名称	公称直径/mm
$a_{1\text{-}2}$	液位计	自拟	e	压力表	自拟
b	人孔	自拟	f	安全阀	自拟
c	出料管	自拟	g	放空管	自拟
d	进料管	自拟	h	排污管	自拟

【设计内容】

① 工艺尺寸的确定（罐体内径 D、长度 L 的确定）；

② 罐体、零部件件等材料的选用；

③ 筒体和封头的壁厚计算；

④ 支座、人孔、接管、内件等附件的选型及设计；

⑤ 焊接结构的设计。

参　考　文　献

[1] 喻健良，王立业，刁玉玮．化工设备机械基础［M］．大连：大连理工大学出版社，2013.

[2] 蔡纪宁，张莉彦．化工设备机械基础课程设计指导书［M］．北京：化学工业出版社，2011.

[3] GB 150—2011《钢制压力容器》.

[4] GB 151—1999《管壳式换热器》.

[5] JB/T 4710—2005《钢制塔式容器》.

[6] HG 20652—1998《塔器设计技术规定》.

[7] HG/T 20569—1994《机械搅拌设备》.

[8] TSG R 0004—2009《固定式压力容器安全技术监察规程》.

[9] 闫康平．工程材料［M］．第二版．北京：化学工业出版社，2008.

模块7　化工过程初步设计

7.1 概　　述

化工过程初步设计是对《化工设计》课程知识点的一次整合，对学生技能的训练和强化。

初步设计选取了当前石油化工领域在线应用的工艺技术案例，便于学生设计的时候检索资料，以及与工程实例对照。设计内容涵盖工艺流程、反应器和换热器设计、车间布置设计等，力避与现行出版的设计案例重复。

初步设计意在加深学生对工艺流程、安全环保的认识与考量，进一步提升对 Aspen Plus、Pro Ⅱ 等现代流程模拟软件和三维设计软件 CADworx 的应用能力。

7.2　化工过程初步设计

设计 1　丙烯酸氧化反应器设计任务书

【设计题目】（每个学生可以选择一段或二段反应器进行设计）

年产××万吨丙烯酸一段/二段氧化反应器。

【设计起止时间】

______年______月______日至______年______月______日。

【设计原始数据】（或设计条件）

丙烯氧化反应单元是将丙烯气体、空气（主要是空气中的氧气）、与水蒸气按一定比例混合后，通过固定床催化反应器，在 280～320℃下进行气相氧化。反应器由两段组成，第一段反应器产物为丙烯醛，第二段将丙烯醛氧化为丙烯酸。

【设计内容与设计说明书】

(1) 设计内容与要求

① 要求学生查阅资料，熟悉丙烯氧化反应的工艺技术流程；根据工艺路线和反应特征，决定固定床反应器的类型。

② 优化反应器列管的长度。

结合宏观反应动力学，编写 Runge-Kutta 法的计算程序，求解转化率与床层高度的对应关系，绘出图形。说明选取床层高度的依据。

③ 反应器列管的排布。

将反应器列管按一定规律排布，选择合适的管间距，计算反应器壳体的直径。绘制列管排布的截面图。

④ 反应器压降校核。

列管尺寸关联到反应器压降，过高的压降会导致机械能的消耗，增加生产成本。而选择较大的管径会导致反应器直径增加，造成初期建设时安装占地面积增加。

优化反应器列管尺寸，核算反应器压降。

⑤ 换热系统计算。

根据反应器的操作特性，选取传热介质（高压饱和水、导热油或熔盐），计算介质在管间流动的 Reynolds 数，传热系数。核算介质循环流动时需要的搅拌或驱动功率。

⑥ 列管和壳体的材质。

根据反应物料体系和换热介质的物理、化学特性，结合经济、环保因素，选择合适的反应器和壳体的材质，说明选择的理由。

（2）其他要求

① 积极、主动、独立完成作品，杜绝抄袭和雷同作品。

② 鼓励自行编写设计程序求解相关问题。

③ 编制反应器设计说明书。

④ 撰写设计小结，总结自己的实践训练收获，供下一届学生参考。

【工作计划】

本次课程设计训练时间长度为 2 周，具体安排见表 7-1 和表 7-2。

表 7-1　工作安排（第一周）

日　期	任　务	
第一天	解读设计任务	
第二天	查询相关数据	
第三天	编写程序，求解床层高度	
第四天	列管排布，绘制布置图	
第五天	换热计算	

表 7-2　工作安排（第二周）

日　期	任　务	
第一天	反应器材质选择说明	
第二天	反应器压降校核	
第三天	整体设计，绘制装配图	
第四天	撰写设计说明书	
第五天	提交作品	

【考核与评分办法】

（1）考核方式　依据说明书文档的规范性和图纸的质量来评定成绩。

（2）评分办法　制定评分标准，从下列几个方面综合评价：

① 工艺流程的技术创新性；

② 现代设计方法及工具应用；

③ 工艺流程的完整性与正确性；

④ 计算数据的科学性；

⑤ 车间设备布置及工厂总体布局的合理性；

⑥ 设计说明书格式规范、内容完整性；

⑦ 设计图纸内容完整、绘图表达的正确性。

【参考书目】

[1] R. K. Sinnott. Chemical Engineering [M]. 北京：世界图书出版公司，2000.

[2] （美）Bruce A. Finlayson. 化工计算导论 [M]. 朱开宏译. 上海：华东理工大学出版社，2006.

[3] 中国石化集团上海工程有限公司编. 化工工艺设计手册（上、下册）[M]. 北京：化学工业出版社，2009.

[4] 蔡纪宁，张莉彦. 化工设备机械基础课程设计指导书 [M]. 北京：化学工业出版社，2011.

[5] 蔡纪宁，赵惠清. 化工制图 [M]. 第 2 版. 北京：化学工业出版社，2008.

[6] 冯连芳，王嘉骏. 石油化工设备设计选用手册：反应器 [M]. 北京：化学工业出版社，2010.

[7] 刘家明. 石油化工设备设计手册 [M]. 北京：中国石化出版社，2013.

[8] 陈英南，刘玉兰. 常用化工单元设备的设计 [M]. 上海：华东理工大学出版社，2005.

[9] 李功样等. 常用化工单元设备设计 [M]. 广州：华南理工大学出版社，2006.

[10] E. Bruce Nauman. Chemical Reactor Design，Optimization，and Scaleup [M]. McGraw-Hill，2005.

[11] Uzi Mann. Principles of Chemical Reactor Analysis and Design [M]. John Wiley & Sons Inc，2009.

[12] Gilbert F. Froment. Chemical Reactor Analysis and Design [M]. John Wiley & Sons Inc，1979.

设计 2　U 形管换热器设计任务书

【设计题目】

丙烯预热器。

【设计起止时间】

______年______月______日至______年______月______日。

【设计原始数据】（设计条件）

丙烯氧化反应单元是将丙烯气体、空气（主要是空气中的氧气）、与水蒸气按一定比例混合后，送入反应器进行氧化反应操作的。工业生产的实际情况是，来自储罐区的液态丙烯经过预热器换热后气化为气态丙烯，热源来自于公用工程提供的 15℃的温水。

为工厂设计丙烯预热器。考虑到丙烯是甲类液体/气体，防止泄露，建议选用 U 形管换热器。

【设计内容及工作量】

（1）设计内容及要求

① 工艺计算。

结合生产能力，确定丙烯流量，计算换热面积。

② 优化换热器单管的长度，确定管程和壳程数。

③ 换热器列管的排布，计算管束直径，核算换热器壳体尺寸。

④ 换热器压降校核。

⑤ 列管和壳体的材质。

⑥ 附件设计。

⑦ 编写设计说明书。

(2) 其他要求

① 积极、主动、独立完成作品，杜绝抄袭和雷同作品。

② 编写 Matlab 程序，求解相关问题。

③ 编制设计说明书。

④ 撰写设计小结，总结自己的实践训练收获，供下一届学生参考。

【工作计划】

本次课程设计训练时间长度为 2 周，具体安排见表 7-3 和表 7-4。

表 7-3　工作安排（第一周）

日　期	任　务	
第一天	解读设计任务	
第二天	查询相关数据	
第三天	编写 Matlab 程序，求解单管尺寸	
第四天	列管排布，绘制布置图	
第五天	核算压降	

表 7-4　工作安排（第二周）

日　期	任　务	
第一天	换热器材质选择说明	
第二天	附件设计	
第三天	整体设计，绘制装配图	
第四天	撰写设计说明书	
第五天	提交作品	

【考核与评分办法】

(1) 考核方式　依据说明书文档的规范性和图纸的质量来评定成绩。

(2) 评分办法　制定评分标准，从下列几个方面综合评价：

① 工艺流程的技术创新性；

② 现代设计方法及工具应用；

③ 工艺流程的完整性与正确性；

④ 计算数据的科学性；

⑤ 车间设备布置及工厂总体布局的合理性；

⑥ 设计说明书格式规范、内容完整性；

⑦ 设计图纸内容完整、绘图表达的正确性。

【参考书目】

[1]　R. K. Sinnott. Chemical Engineering [M]. 北京：世界图书出版公司，2000.

[2]　(美) Bruce A. Finlayson. 化工计算导论 [M]. 朱开宏 译. 上海：华东理工大学出版社，2006.

[3]　中国石化集团上海工程有限公司编. 化工工艺设计手册（上、下册）[M]. 北京：化学工业出版社，2009.

[4]　蔡纪宁，张莉彦. 化工设备机械基础课程设计指导书 [M]. 北京：化学工业出版社，2011.

[5]　蔡纪宁，赵惠清. 管壳式换热器分析与设计 [M]. 北京：化学工业出版社，1996.

[6] 冯连芳，王嘉骏．石油化工设备设计选用手册：反应器［M］．北京：化学工业出版社，2010.
[7] 刘家明．石油化工设备设计手册［M］．北京：中国石化出版社，2013.
[8] 陈英南，刘玉兰．常用化工单元设备的设计［M］．上海：华东理工大学出版社，2005.
[9] 李功样等．常用化工单元设备设计［M］．广州：华南理工大学出版社，2006.
[10] 秦叔经，叶文邦．化工设备设计全书：换热器［M］．北京：化学工业出版社，2002.
[11] 钱颂文．换热器设计手册［M］．北京：化学工业出版社，2002.
[12] T. Kuppan．换热器设计手册［M］．北京：中国石化出版社，2004.

设计 3　厂区布置设计任务书

【设计题目】

年产××万吨丙烯酸厂区布置设计。

【设计起止时间】

______年______月______日至______年______月______日。

【设计原始数据】（或设计条件）

按照防火设计规范、平面设计规范和总图运输设计规范等将空压站、丙烯氧化反应单元、丙烯酸分离单元、储罐区、中间储罐、消防水池、事故存储池、变电站、公用工程、DCS中央控制室、工业炉、行政办公区、消防队等生产组成和辅助部分的合理布置。

【设计内容与设计说明书】

（1）设计内容与要求

① 资料检索。

从气象机构获得厂区的风向玫瑰图，分析四季风向，做出趋利避害的设计框架。

② 确定主装置和公用工程的布局。

结合丙烯氧化反应的工艺技术流程，根据工艺路线和反应特征，生产和存储火灾危险性确定氧化单元的位置。

③ 确定安全防火距离。

计算主装置、储罐区、储罐-储罐间的安全距离，说明数据选取的依据。

④ 厂区道路布置。

计算厂区道路的宽度和长度。

主装置检修需要吊装，大型吊车的通行参数；催化剂卸料时，反应器下方卡车的进出位置和方向；火灾发生时消防车的走向以及各路口的转弯半径。

⑤ 工业炉与火炬系统。

厂区工业炉和地面火炬均为火花装置。防止工业炉尾气吹向厂区压缩机吸气口，防止可燃性气体吹向火花装置。

⑥ RTO废气处理装置。

将RTO蓄热式废气处理装置布置在厂区合适的地方，既要考虑对周围车间和设备的影响，又要考虑废气输送管道最短。

（2）其他要求

① 积极、主动、独立完成作品，杜绝抄袭和雷同作品。

② 鼓励自行编写设计程序求解相关问题。

③ 编制反应器设计说明书。

④ 撰写设计小结，总结自己的实践训练收获，供下一届学生参考。

【工作计划】

本次课程设计训练时间长度为2周，具体安排见表7-5和表7-6。

表7-5 工作安排（第一周）

日期	任务	
第一天	解读设计任务	
第二天	查询相关数据	
第三天	解读相关设计规范	
第四天	初步布置	
第五天	根据技术规范要求，核算	

表7-6 工作安排（第二周）

日期	任务	
第一天	主要装置布置说明及考量	
第二天	公用工程布置	
第三天	绘制厂区布置总图	
第四天	撰写布置设计说明书	
第五天	提交作品	

【考核与评分办法】

(1) 考核方式　依据说明书文档的规范性和图纸的质量来评定成绩。

(2) 评分办法　制定评分标准，从下列几个方面综合评价：

① 工艺流程的完整性与正确性；

② 计算数据的科学性；

③ 车间设备布置及工厂总体布局的合理性；

④ 设计说明书格式规范、内容完整性；

⑤ 设计图纸内容完整、绘图表达的正确性。

【技术规范及参考书目】

[1] R. K. Sinnott. Chemical Engineering [M]. 北京：世界图书出版公司，2000.

[2] 中国石化集团上海工程有限公司编．化工工艺设计手册（上、下册）[M]. 北京：化学工业出版社，2009.

[3] GB 50489—2009 化工企业总图运输设计规范．

[4] GB 50187—2012 工业企业总平面设计规范．

[5] SH3053—2002 石油化工企业厂区总平面布置设计规范．

[6] GB 50016—2014 建筑设计防火规范．

[7] GB 50160—2008 石油化工企业设计防火规范．

[8] GB 50058—2014 爆炸和火灾危险环境电力装置设计规范．

[9] GBZ1—2010 工业企业设计卫生标准．

[10] HG 20571—2014 化工企业安全卫生设计规范．

设计4　丙烷-丙烯热泵精馏过程模拟任务书

【设计题目】

丙烷脱氢制丙烯的反应装置需要分离丙烷、丙烯的混合物。热泵技术能够将低品位热能“泵送”到高品位热源。虽然是以消耗一定的机械能为代价，但是，能够把热能提高到可资利用的程度，并且获得的能量远远高于付出的代价。

使用 Aspen Plus 流程模拟软件模拟计算丙烷-丙烯热泵精馏的分离过程。核算与单塔精馏相比，塔底液体闪蒸式、塔顶气体压缩式热泵精馏能够节省多少能量。

【设计起止时间】

______年______月______日至______年______月______日。

【设计原始数据】（或设计条件）

丙烯含量 $x=0.6$（摩尔分数），进料压力 7.7bar（1bar=10^5Pa），饱和液体进料，流量 250kmol/h。

精馏塔塔顶操作压力 6.9bar，塔底 7.75bar。要求分离出的丙烷、丙烯含量均达到 0.99 以上，两组分的回收率不低于 0.99。

【模拟过程指导】

(1) 设计内容

PDH 装置丙烷-丙烯热泵精馏（塔顶气体压缩式）如图 7-1 所示。

① 物性方法。

由于丙烷和丙烯之间作用较弱，物性方法选择 SRK。用 DSTWU 计算精馏塔的理论塔板数、进料位置、回流比和塔底热负荷等基本数据。

② 模块切换。

在获得基本数据的基础上，采用严格算法 RadFrac 模块，计算每一块塔板的物流信息。

③ 辅助物流。

模拟训练过程中，逐步增加单元模块，物流线暂时不连接为循环物流，而是对部分断开的物流（5B、7B）进行赋值，赋值的依据来自于严格算法获得的塔板物流信息。塔顶冷凝器、塔底再沸器各算作一块塔板，由于热泵精馏省去二者，靠近冷凝器和再沸器的两块板物流信息应当格外重视。

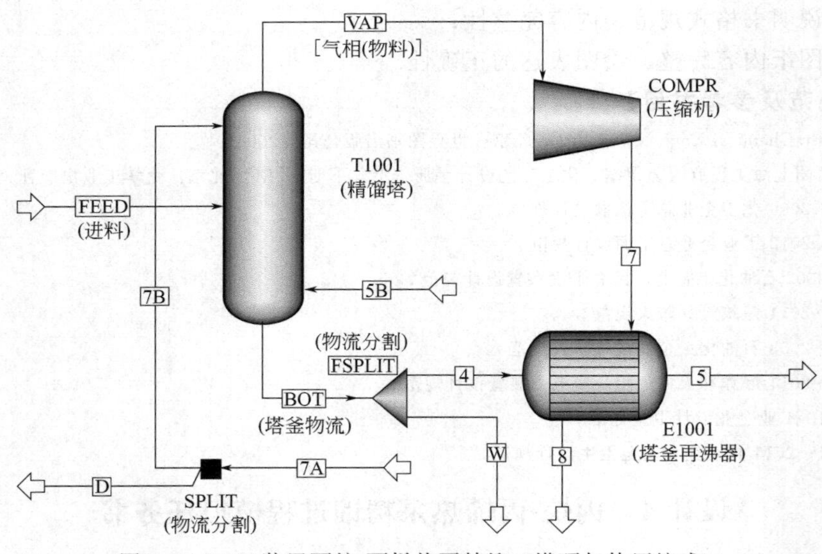

图 7-1 PDH 装置丙烷-丙烯热泵精馏（塔顶气体压缩式）

④ 下列信息仅供参考。

第二块板的物流信息为 5.2℃，6.9bar，液相（Liquid）=2445.43kmol/h，气相（Vap）=2595kmol/h；

气相 1（Vap1）=5.24℃，6.9bar，气相（Vap）=2595kmol/h 丙烯

物流 5B=16.8℃ 7.75bar，气相（Vapor）=2603.8kmol/h 丙烷（气相分率 Vapor Fraction=1）

物流 7B=5.2℃，6.9bar，液相（Liquid）=2445.43kmol/h 丙烯（气相分率 Vapor Fraction=0）

⑤ 压缩机（Compr）设置

方法：多变方法（Polytropic）采用 ASME 法，排气压力（Discharge Pressure）：12bar（1bar=10^5Pa）。

热物流是来自塔顶的蒸汽，经过压缩后，温度从 5.3℃提升到 37.2℃，提高传热推动力，以利于换热。

⑥ 换热器设置（HeatX）

选择快捷（Short cut）模式，本次设置冷物流出口（Cold stream outlet）：气相分率（Vapor Fraction）=1。

塔底液相汽化，冷物流出口温度保持 16.8℃，最小温差（Min Temp Approach）为 3℃。

⑦ 分流器

分流比例（Fsplit）=0.963，分流比例（Split）=0.0578。

⑧ 节流阀（Valve）

选取加热器（Heater）模块中的 Valve2，设置 5.24℃、6.9bar，有效相态为气液两相共存（Vapor-Liquid）。

⑨ 连接 5B、VAP 物流线，进行物流循环模拟。

（2）设计要求

将单塔计算结果与热泵精馏的计算结果进行比较，考察节能情况。

编写计算说明书。

【工作计划】

本次课程设计训练时间长度为 1 周，具体安排见表 7-7。

表 7-7 工作安排

日　　期	任　　务	
第一天	建立简捷算法、严格算法模块	
第二天	抽取 RadFrac 精馏塔的逐板信息	
第三天	部分断开物流赋值，逐步增加操作单元	
第四天	设置收敛方法，逐步实现物流循环	
第五天	编写不少于 2000 字的计算说明书	

【考核与评分办法】

（1）考核方式　依据模拟计算的质量和工作量来评定成绩；

（2）评分办法　制定评分标准，从下列几个方面综合评价：

① 工艺流程的完整性与正确性；

② 计算数据的科学性；

③ 计算说明书格式规范、内容完整性。

【参考书目】

[1] 包宗宏，武文良．化工计算与软件应用［M］．北京：化学工业出版社，2013.

[2] 杨莹．塔釜液闪蒸再沸式热泵精馏节能特性研究［J］．化工自动化及仪表，2010，37（5）：85-87.

[3] 胡丽春，张璐阳．蒸汽压缩式热泵精馏技术探讨 [J]. 炼油与化工，2014，2：9-11.
[4] 张宏利．利用热泵技术改造丙烯-丙烷精馏塔 [J]. 化学工程，1998，2：61-62.
[5] 贾兆年，高海见，许晨．丙烷脱氢丙烯精馏塔能耗及技术经济比较 [J]. 现代化工，2012，32（11）：84-87.
[6] 盛若渝．丙烯-丙烷分离计算新方法 [J]. 炼油设计，1993，23（3）：63-65.

设计 5　气体吸收塔制作与性能测定

【实验目的】

验证吸收模拟的计算结果，通过实验测定塔器的吸收性能，培养学生的动手能力。

【实验原理】

当工作场所氨气浓度偏高时对操作人员产生诸多不利影响，例如刺激流泪影响观察，导致无法继续工作。对于农业养殖场所来说，过高的氨气浓度不利于禽畜的生长发育。设计、制作小型化的氨气脱除装置易于被企业接受。

本实验采用 Aspen Plus 模拟软件对脱除氨气进行计算，然后通过实验对计算结果进行验证。

【吸收塔制作方法】

选取 1.2m 长度 $DN200$ 塑料管一支，内径 190mm，壁厚 4.5mm。管壁太薄不利于固定螺丝的安装。

不锈钢波纹丝网填料 $DH=190\times100$，其余技术参数见表 7-8。

表 7-8　部分技术参数

填料型号	250(AX)	填料型号	250(AX)
比表面积/(m^2/m^3)	250	HETP/mm	100
堆积重度/(kg/m^3)	125	理论板数	2.5～3
空隙率	0.95	F 因子	2.5～3.5
每板压力降/(Pa/n)	10～40	分段高度/m	5

向塑料管中加装 5～6 节填料，用 5mm 不锈钢螺钉在塔身设置固定卡环，防止填料增重之后从管内滑脱。

液体分布器：雾化喷头，喷孔直径 1.0mm×4 个。

液体输送泵流量：600L/h，扬程 3m。供电 DC12V1A。

轴流风机，风量 500Nm^3/h，AC220V 60W。

8mm 胶管若干。

激光水平仪。

氨气来源：①钢瓶氨气；②向浓氨水中鼓泡，使之挥发出气态氨。

氨气分析仪（手持式，型号 AR8500，希玛仪表公司），量程 10～200$\mu g/kg$。

填料塔安装完成后使用激光水平仪校准塔身的垂直度。

【实验过程】

启动液体输送泵，塔顶喷头喷出雾状吸收液（本实验采用清水吸收氨气），喷射 5min，让填料全面润湿，从而提供更大的有效接触面积。

开启空气泵，对氨水鼓泡，挥发出氨气。启动塔身引风机，让挥发出的氨气与空气迅速混合后进入吸收塔。

分别在塔底入口处和塔顶出口处测量空气中氨气的含量。

【数据处理与结果讨论】

① 通过实验数据考察氨气的去除率与气液相流量 Q_G、Q_L 的关系。

② 选择一组数据与计算结果对照，分析出现偏差的原因。

③ 查得填料的技术参数，能否测算出本塔的传质系数 K_y？

设计6 化工过程初步训练任务书

【设计题目】（要求学生组建 **4** 人团队，每个人选择一个方向深入研究）

① 年产××万吨丙烯酸装置

② 年产××万吨乙二醇装置

【设计起止时间】

______年______月______日至______年______月______日。

【设计原始数据（或设计条件）】

（1）年产 8/16 万吨丙烯酸装置

某石化股份有限公司拟扩建一套以丙烯为原料制取丙烯酸的生产装置，以解决本公司高吸水性树脂生产的原料问题。

原料丙烯由镇海炼化公司提供，纯度（质量分数）99.5%。其余原材料根据需要自行采购。

（2）年产 20/40 万吨乙二醇装置

乙二醇是源自石油、煤、天然气、生物质资源的重要基础有机化工产品，主要用作生产聚酯的原料。国内自给能力存在巨大的缺口，已成为影响我国聚酯产业可持续稳定发展的关键因素。开发拥有自有知识产权的核心技术，依托某一大型综合化工企业设计一座采用清洁生产工艺制取乙二醇的分厂。

为了培养训练学生的工程设计能力，缺少的设计数据可以从参考文献罗列的书目去检索，以及充分利用网络资源，获取必需的数据。例如项目产品产量可以从国家发展和改革委员会发布的公告文件中查阅。

从中英文文献中获得产品的合成工艺路线，反应动力学参数和反应方程式类型（Power 或 LHHW），以便于植入 Aspen Plus 软件中进行计算。

从反应器出口产物的组成和状态决定下一步的处理方式。对于双组分或多组分液态产品而言，从节能和分离工程的可操作性方面，优选精馏、萃取等分离手段。

对于工艺末端的废弃物，在核算经济成本的情况下，尽可能回收其中有用的产品，液态废物根据其产量、危险性结合现有处置的工艺技术水平选择合适的处理工艺。固体废弃物可以从《固体废弃物处理手册》查阅相关的方法，能够燃烧释放热量的可能回收其热值。废水的处理可以选择活性污泥（好氧）与厌氧发酵相结合的方法去除有机污染物。

【设计内容与设计说明书】

（1）设计内容与要求

① 要求学生查阅资料，设计工艺技术流程，按照有关设计规定进行物料衡算和能量衡算，根据国家标准绘制工艺流程图（PFD）。

② 根据工艺路线和反应特征，选取合适的反应器和传质分离设备，提出过程控制方案，

绘制带控制点的流程图（PID）；选择一个非标设备（反应器、精馏塔、储罐）进行设计。

③ 提出厂址选择方案，进行厂区的车间布置和设备布置设计，绘制布置图。

④ 对工程项目进行投资估算和经济评价。

⑤ 编制初步设计说明书。

（2）其他要求

① 积极、主动、独立完成作品，杜绝抄袭和雷同作品。

② 鼓励使用现代设计软件，Aspen Plus、Pro Ⅱ、ChemCAD 不限。

③ 正确使用国家标准和设计规范，数据有据可查。

④ 按照设计规范提交设计文件（数据表、图纸和文档）。

⑤ 撰写设计小结，总结自己的实践训练收获，供下一届学生参考。

【工作计划】

本次课程设计训练时间长度为 3 周，具体安排，见表 7-9～表 7-11。

表 7-9　工作安排（第一周）

日　期	任　务	
第一天	解读设计任务	
第二天	查询相关数据	
第三天	建立流程，进行模拟计算	
第四天	绘制 PFD	
第五天	绘制 PID 和设备布置图	

表 7-10　工作安排（第二周）

日　期	任　务	
第一天	反应器类型选择	
第二天	反应器模拟计算	
第三天	反应器优化设计	
第四天	反应器校核	
第五天	编制反应器设计计算书	

表 7-11　工作安排（第三周）

日　期	任　务	
第一天	控制方案设计	
第二天	车间布置设计	
第三天	撰写初步设计说明书	
第四天	撰写初步设计说明书	
第五天	提交作品	

【考核与评分办法】

（1）考核方式　依据说明书文档的规范性和图纸的质量来评定成绩；

（2）评分办法　制定评分标准，从下列几个方面综合评价：

① 工艺流程的技术创新性；
② 现代设计方法及工具应用；
③ 工艺流程的完整性与正确性；
④ 计算数据的科学性；
⑤ 车间设备布置及工厂总体布局的合理性；
⑥ 设计说明书格式规范、内容完整性；
⑦ 设计图纸内容完整、绘图表达的正确性。

【参考书目】

[1] 田铁牛．化学工艺［M］. 北京：化学工业出版社，2010.
[2] R. K. Sinnott. Chemical Engineering［M］. 北京：世界图书出版公司，2000.
[3] 孙兰义．化工流程模拟实训——Aspen Plus 教程［M］. 北京：化学工业出版社，2012.
[4] Ralph Schefflan. Teach Yourself the Basics of Aspen Plus［M］. New York：Wiley，2011.
[5] （美）Bruce A. Finlayson. 化工计算导论［M］. 朱开宏 译．上海：华东理工大学出版社，2006.
[6] 熊杰明，杨索和．Aspen Plus 实例教程［M］. 北京：化学工业出版社，2013.
[7] 傅承碧等．流程模拟软件 ChemCAD 在化工中的应用［M］. 北京：中国石化出版社，2013.
[8] 中国石化集团上海工程有限公司编．化工工艺设计手册（上、下册）［M］. 北京：化学工业出版社，2009.
[9] 蔡纪宁，张莉彦．化工设备机械基础课程设计指导书［M］. 北京：化学工业出版社，2011.
[10] 蔡纪宁，赵惠清．化工制图［M］. 第2版．北京：化学工业出版社，2008.
[11] 冯连芳，王嘉骏．石油化工设备设计选用手册：反应器［M］. 北京：化学工业出版社，2010.
[12] 刘家明．石油化工设备设计手册［M］. 北京：中国石化出版社，2013.
[13] 陈英南，刘玉兰．常用化工单元设备的设计［M］. 上海：华东理工大学出版社，2005.
[14] 李功样等．常用化工单元设备设计［M］. 广州：华南理工大学出版社，2006.

参考文献

[1] R. K. Sinnott. Chemical Engineering［M］. 北京：世界图书出版公司，2000.
[2] （美）Bruce A. Finlayson. 化工计算导论［M］. 朱开宏 译．上海：华东理工大学出版社，2006.
[3] 中国石化集团上海工程有限公司编．化工工艺设计手册（上、下册）［M］. 北京：化学工业出版社，2009.
[4] 蔡纪宁，张莉彦．化工设备机械基础课程设计指导书［M］. 北京：化学工业出版社，2011.
[5] 蔡纪宁，赵惠清．管壳式换热器分析与设计［M］. 北京：化学工业出版社，1996.
[6] 冯连芳，王嘉骏．石油化工设备设计选用手册：反应器［M］. 北京：化学工业出版社，2010.
[7] 刘家明．石油化工设备设计手册［M］. 北京：中国石化出版社，2013.
[8] 陈英南，刘玉兰．常用化工单元设备的设计［M］. 上海：华东理工大学出版社，2005.
[9] 李功样等．常用化工单元设备设计［M］. 广州：华南理工大学出版社，2006.
[10] 秦叔经，叶文邦．化工设备设计全书：换热器［M］. 北京：化学工业出版社，2002.
[11] 钱颂文．换热器设计手册［M］. 北京：化学工业出版社，2002.
[12] T. Kuppan. 换热器设计手册［M］. 北京：中国石化出版社，2004.
[13] E. Bruce Nauman. Chemical Reactor Design，Optimization，and Scaleup［M］. McGraw-Hill，2005.
[14] Uzi Mann. Principles of Chemical Reactor Analysis and Design［M］. John Wiley & Sons Inc，2009.
[15] Gilbert F. Froment. Chemical Reactor Analysis and Design［M］. John Wiley & Sons Inc，1979.
[16] GB 50489—2009 化工企业总图运输设计规范．
[17] GB 50187—2012 工业企业总平面设计规范．
[18] SH3053—2002 石油化工企业厂区总平面布置设计规范．
[19] GB50016—2014 建筑设计防火规范．
[20] GB 50160—2008 石油化工企业设计防火规范．
[21] GB50058—2014 爆炸和火灾危险环境电力装置设计规范．

[22] GBZ1—2010 工业企业设计卫生标准.
[23] HG 20571—2014 化工企业安全卫生设计规范.
[24] 田铁牛. 化学工艺 [M]. 北京：化学工业出版社，2010.
[25] 孙兰义. 化工流程模拟实训——Aspen Plus 教程 [M]. 北京：化学工业出版社，2012.
[26] Ralph Schefflan. Teach Yourself the Basics of Aspen Plus [M]. New York：Wiley，2011.
[27] 熊杰明，杨索和. Aspen Plus 实例教程 [M]. 北京：化学工业出版社，2013.
[28] 傅承碧等. 流程模拟软件 ChemCAD 在化工中的应用 [M]. 北京：中国石化出版社，2013.

附 录

附录 A 苯甲酸在水和煤油中的平衡浓度

表 A-1 苯甲酸在水和煤油中的平衡浓度（15℃）

x_R	0.001304	0.001369	0.001436	0.001502	0.001568	0.001634
y_E	0.001036	0.001059	0.001077	0.001090	0.001113	0.001131
x_R	0.001699	0.001766	0.001832			
y_E	0.001036	0.001159	0.001171			

表 A-2 苯甲酸在水和煤油中的平衡浓度（20℃）

x_R	0.01393	0.01252	0.01201	0.01275	0.01082	0.009721
y_E	0.00275	0.002685	0.002676	0.002579	0.002455	0.002359
x_R	0.008276	0.007220	0.006384	0.001897	0.005279	0.003994
y_E	0.002191	0.002055	0.001890	0.001179	0.001697	0.001539
x_R	0.003072	0.002048	0.001175			
y_E	0.001323	0.001059	0.000769			

表 A-3 苯甲酸在水和煤油中的平衡浓度（25℃）

x_R	0.012513	0.011607	0.010546	0.010318	0.007749	0.006520
y_E	0.002943	0.002851	0.002600	0.002747	0.002302	0.002126
x_R	0.005093	0.004577	0.003516	0.001961		
y_E	0.001816	0.001690	0.001407	0.001139		

注：x_R 为苯甲酸在煤油中的浓度，kg 苯甲酸/kg 煤油；y_E 为对应的苯甲酸在水中的平衡浓度，kg 苯甲酸/kg 水。

附录 B 苯甲酸的测定——滴定法

苯甲酸又称安息香酸，其钠盐、钾盐可用作防腐剂。在 pH 为 2.5～4.0 时，对广范围的微生物有效，常用于饮料、果汁、蜜饯、果酒、酱油等的防腐。苯甲酸的毒性较山梨酸大，ADI 值为 0～5mg/kg。苯甲酸微溶于水，易溶于乙酸，具有酸性，沸点为 249.2℃，100℃即开始升华。分子式为 $C_7H_6O_2$，$M=122.12$g/mol。苯甲酸的硝基化条件较难控制，但它经羟基化后再与4-氨基安替比林作用可用于比色分析。

(1) 所需试剂

① 乙醚：蒸馏，收取35℃部分的馏液。

② 盐酸 (1+1)。

③ 10%氢氧化钠溶液。

④ 氯化钠饱和溶液。

⑤ 纯氯化钠。

⑥ 95%中性乙醇：95%乙醇加入数滴酚酞指示剂，用氢氧化钠溶液中和至微红色。

⑦ 酚酞指示剂 (1%乙醇溶液)：取1g酚酞溶于100mL中性乙醇中。

⑧ 氢氧化钠标准溶液 (0.05mol/L)：取纯氢氧化钠约3g，加少量蒸馏水溶去其表面部分，弃去这部分溶液，随即将剩余氢氧化钠（约2g）用经过煮沸后冷却的蒸馏水溶解，并稀释至1000mL，按下法标定其浓度（当苯甲酸含量低时，可将氢氧化钠溶液的浓度配成0.01mol/L)。

将分析纯邻苯二甲酸氢钾于120℃烘箱中约干燥1h至恒重。冷却25min，准确称取0.3～0.4g于锥形瓶中，加入50mL蒸馏水溶解后，加2滴酚酞指示剂，用上述的氢氧化钠标准溶液滴定至微红色，30s不褪色为终点。按下式计算氢氧化钠溶液的浓度：

$$c=m/(V\times 204.2)\times 1000$$

式中　c——氢氧化钠溶液的物质的量浓度，mol/L；

m——邻苯二甲酸氢钾的质量，g；

V——滴定时消耗氢氧化钠溶液的体积，mL；

204.2——邻苯二甲酸氢钠的摩尔质量。

(2) 测定方法　准确称取样品75g于300mL烧杯中，加150mL饱和氯化钠溶液进行萃取，再加7.5g粉状氯化钠，用10%氢氧化钠溶液中和至碱性（可用试纸）。将溶液移入250mL容量瓶中，用饱和食盐水定容。不时摇动，放置2h，过滤。吸取滤液100mL，放入500mL分液漏斗中，加盐酸（1+1）至酸性。再加3mL盐酸（1+1），然后依次用70mL、60mL、60mL乙醚，用旋转方法小心萃取。每次摇动不少于5min。待静置分层后，将有机层转移入另一分液漏斗中（三次萃取的乙醚层均转移入同一分液漏斗中），采用蒸馏水洗涤，每次用10mL，直至最后的洗液不呈酸性为止。将此乙醚萃取液置于锥形瓶中，于40℃水浴上回收乙醚。待乙醚只剩少量时，停止回收，以风扇吹干剩余的乙醚。加入50mL中性乙醚及蒸馏水，加酚酞指示剂1～2滴，以0.05mol/L，氢氧化钠标准溶液滴定至呈微红色并30s不褪色为终点。苯甲酸钠的质量百分比可按下式计算：

$$苯甲酸钠(\%)=(Vc\times 144.1\times 2.5)/(m\times 1000)\times 100$$

式中　V——滴定时所耗氢氧化钠标准溶液体积，mL；

c——氢氧化钠标准溶液物质的量浓度，mol/L；

m——样品质量，g；

144.1——苯甲酸钠的摩尔质量。

附录C　醋酸-水二元系统气液平衡数据的关联

在处理含有醋酸-水的二元气液平衡问题时，若忽略了气相缔合计算活度，关联气液平衡数据往往失败，此时活度系数接近于1，恰似一个理想的系统，但它却不能满足热力学一致性。如果考虑在醋酸的气相中有单分子、双分子和三分子的缔合体共存，而液相仅考虑单分子体的存在，在此基础上，用缔合平衡常数对表观蒸气组成的蒸气压修正后，计算出液相的活度系数，这样计算的结果就能符合热力学一致性，而且能将实验数据进行关联。

为了便于计算，我们介绍一种简化的计算方法。

首先，考虑纯醋酸的气相缔合。认为醋酸在气相部分发生二聚而忽略三聚。因此，气相中实际上是单分子体与二聚体共存，它们之间有一个反应平衡关系，即

$$2HAc \Longleftrightarrow (HAc)_2$$

缔合平衡常数

$$K_2=\frac{p_2}{p_1^2}=\frac{\eta_2}{p\eta_1^2} \tag{1}$$

式中　η_1、η_2——气相中醋酸的单分子体和二聚体的真正摩尔分数。

由于液相不存在二聚体，所以，气相分压是单体和二聚体的总压，而醋酸的逸度则是指单分子的逸度，气相中单体的摩尔分数为 η_1，而醋酸逸度是校正压力，应为

$$f_A=p\eta_1$$

η_1与 n_1、n_2的关系如下：

$$\eta_1=\frac{n_1}{(n_1+n_2)}$$

现在考虑醋酸-水的二元溶液，不计入 H_2O 与 HAc 的交叉缔合，则气相就有三个组成，即 HAc、$(HAc)_2$、H_2O，所以

$$\eta_1=n_1/(n_1+n_2+n_{H_2O})$$

气相的表观组成和真实组成之间有下列关系：

$$y_A=\frac{(n_1+2n_2)/n_{总}}{(n_1+2n_2+n_{H_2O})/n_{总}}=\frac{n_1+2n_2}{n_1+2n_2+n_{H_2O}}$$

将 $n_1+n_2+n_{H_2O}=1$ 的关系代入上式，得

$$y_A=\frac{\eta_1+2\eta_2}{1+\eta_2} \tag{2}$$

利用（1）和（2）经整理后得：

$$K_2p\eta_1^2(2-y_A)+\eta_1-y_A=0 \tag{3}$$

用一元二次方程解法求出 η_1，便可求得 η_2和 η_{H_2O}

$$\eta_2=K_2P\eta_1^2$$

$$\eta_{H_2O}=1-(\eta_1+\eta_2) \tag{4}$$

醋酸的缔合平衡常数与温度 T 的关系如下：

$$\lg K_2=-10.4205+3166/T \tag{5}$$

由组分逸度的定义得：

$$\hat{f}_A=py_A\hat{\phi}_A=p\eta_1$$

$$\hat{\phi}_A=\eta_1/y_A$$

$$\hat{\phi}_{H_2O}=\eta_{H_2O}/y_{H_2O} \tag{6}$$

对于纯醋酸，$y_A=1$，$\phi_A^0=\eta_1^0$；因低压下的水蒸气可视作理想气体，故 $\phi_{H_2O}^0=1$，其中 η_1^0可根据纯物质的缔合平衡关系求出：

$$K_2=\eta_2^0/p(\eta_1^0)^2$$

$$\eta_1^0+\eta_2^0=1$$

$$K_2 p_A^0(\eta_1^0)^2+\eta_1^0-1=0 \tag{7}$$

解一元二次方程可得 η_1^0。

利用气液平衡时组分气液两相的逸度相等的原理，可求出活度系数 γ_i。

$$p\eta_i=p_i^0\eta_i^0 x_i\gamma_i$$

即

$$\gamma_{HAc}=p\eta_1/p_{HAc}^0\eta_1^0 x_{HAc}$$

$$\gamma_{H_2O}=p\eta_{H_2O}/p_{H_2O}^0 x_{H_2O}$$

式中饱和蒸气压 p_{HAc}^0，$p_{H_2O}^0$ 可由下面二式得：

$$\lg p_{HAc}^0=7.1881-\frac{1416.7}{t+211}$$

$$\lg p_{H_2O}^0=7.9187-\frac{1636.909}{t+224.92}$$

附录 D　醋酸-水二元系统气液平衡数据

（$p=101.325$kPa）

沸点/℃	118.1	115.2	113.1	109.7	107.4	105.7	104.3	103.2	102.2	101.4	100.7	100.3	100.0
x_{HAc}	1.00	0.95	0.90	0.80	0.70	0.60	0.50	0.40	0.30	0.20	0.10	0.05	0
y_{HAc}	1.00	0.90	0.812	0.664	0.547	0.452	0.356	0.274	0.199	0.136	0.072	0.037	0

附录 E　纯物质的正常沸点、临界参数和偏心因子

物质	T_b/K[①]	T_c/K	p_c/MPa	Z_c	ω
甲烷	111.63	190.58	4.604	0.228	0.011
乙烷	184.55	305.33	4.870	0.284	0.099
丙烯	225.46	364.80	4.610	0.275	0.148
丙烷	231.05	369.85	4.249	0.280	0.152
正丁烷	272.65	425.40	3.797	0.274	0.193
异丁烷	261.30	408.10	3.648	0.283	0.176
1-丁烯	266.90	419.60	4.023	0.277	0.187
正戊烷	309.20	469.60	3.374	0.262	0.251
正己烷	341.9	507.95	2.969	0.260	0.296
苯	353.24	562.16	4.898	0.271	0.211
甲苯	383.78	591.79	4.104	0.264	0.264
甲醇	337.70	512.64	8.092	0.224	0.564
乙醇	351.44	516.25	6.379	0.240	0.635
H_2O	373.15	647.30	22.064	0.230	0.344
NH_3	239.82	405.45	11.318	0.242	0.255

① 正常沸点。

附录 F　环己烷-乙醇溶液折射率-组成数据

摩尔分数 $X_{环己烷}$	折射率 n_D^{25}
0.00	1.3594
0.1008	1.3687
0.2052	1.3777
0.2911	1.3841
0.4059	1.3922
0.5017	1.3984
0.5984	1.4034
0.7013	1.4089
0.7950	1.4136
0.8970	1.4186
1.00	1.4234